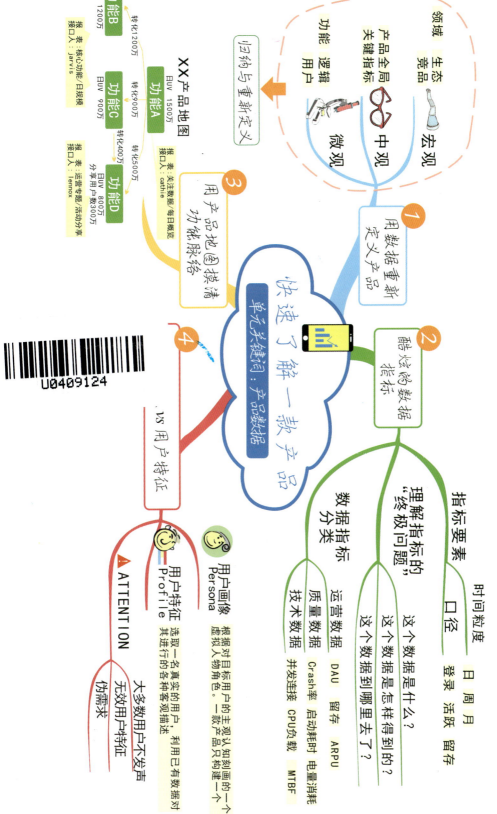

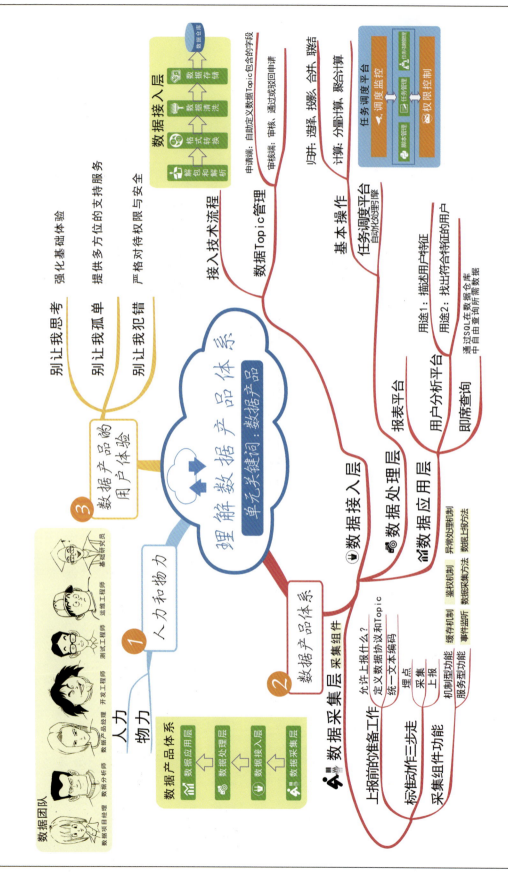

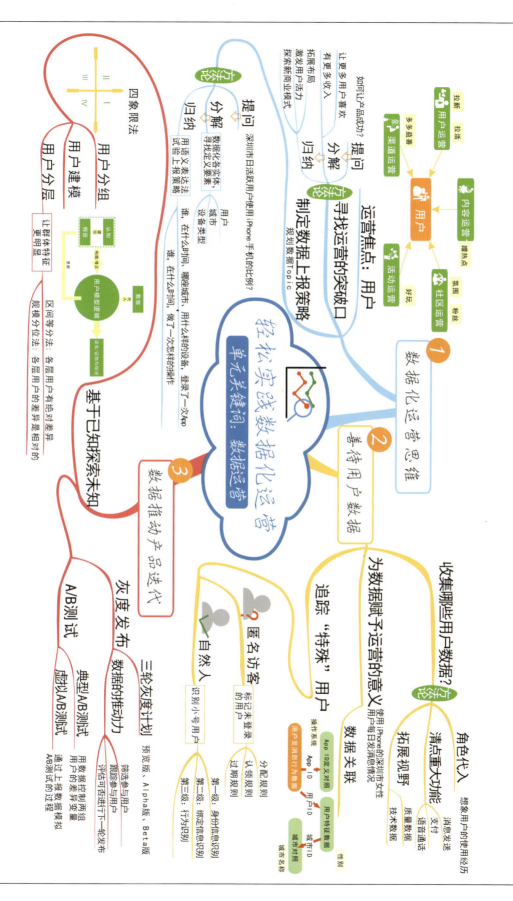

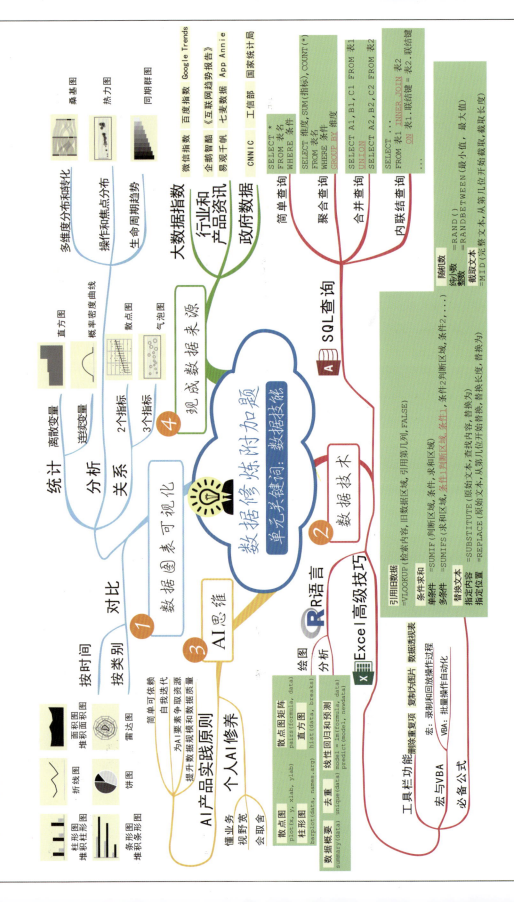

产品经理 数据 修炼30问

R.D. 著

电子工业出版社
Publishing House of Electronics Industry
北京·BEIJING

内 容 提 要

本书立足于国内互联网行业，面向全体产品经理，结合作者 5 余年从事数据产品经理的工作经验，围绕日常数据工作的 4 个维度（产品数据、数据产品、数据运营、数据技能）提出并讨论 30 个常见却又值得玩味的问题。

对于职场人士而言，为解决具体问题而进行学习无疑是一种快捷有效的学习方式。鉴于此，本书采用问答的形式，侧重于引导读者提出问题，然后围绕解决问题的思路展开讨论，而与解决问题无关的内容只字不提。这样的体例安排，一方面，减轻读者的学习负担，帮助读者把握阅读节奏；另一方面，若读者对其中涉及的部分内容感兴趣，可以在本书讨论的基础上展开系统性学习。

未经许可，不得以任何方式复制或抄袭本书的部分或全部内容。
版权所有，侵权必究。

图书在版编目（CIP）数据

产品经理数据修炼 30 问 /R.D.著. —北京：电子工业出版社，2019.1
ISBN 978-7-121-35204-1

Ⅰ. ①产… Ⅱ. ①R… Ⅲ. ①数据处理－产品管理－问题解答 Ⅳ. ①TP274-44

中国版本图书馆 CIP 数据核字(2018)第 235340 号

策划编辑：郑柳洁
责任编辑：汪达文
印　　刷：北京季蜂印刷有限公司
装　　订：北京季蜂印刷有限公司
出版发行：电子工业出版社
　　　　　北京市海淀区万寿路 173 信箱　邮编：100036
开　　本：720×1000　1/16　印张：16　字数：314.4 千字　彩插：2
版　　次：2019 年 1 月第 1 版
印　　次：2019 年 7 月第 3 次印刷
定　　价：69.00 元

凡所购买电子工业出版社图书有缺损问题，请向购买书店调换。若书店售缺，请与本社发行部联系，联系及邮购电话：(010) 88254888，88258888。
质量投诉请发邮件至 zlts@phei.com.cn，盗版侵权举报请发邮件至 dbqq@phei.com.cn。
本书咨询联系方式：010-51260888-819，faq@phei.com.cn。

推荐序一

产品经理是一个宽泛且多维的概念，我们在互联网行业所说的产品经理往往是指那些为使产品顺利诞生和持续运作提出想法、协调资源并对结果负责的角色，因此，我们看到大量讲述如何进行需求分析、有效沟通、团队协作、项目管理、用户运营、数据分析等的书籍和资料。我们也看到，一个人似乎只要能写好需求文档，画出产品原型，提出几个现有产品中存在的交互问题，就可以被贴上"产品经理"的标签。实际上，在这种框架下讨论的仅仅是产品经理最基础的形态，甚至是任何互联网行业的从业者都应具备这些素养。

五六年前，"产品经理"的概念突然火起来，使得很多人对互联网产品经理职位趋之若鹜，这其中包括大量的应届生和非互联网行业从业者，加之当时正值移动互联网正热，也确实创造了吸收大量产品经理职位的环境，给许多本身对互联网行业并没太大兴趣的人带来了"互联网行业门槛低、薪资高"的幻象。然而，近些年互联网产品交互日趋成熟，产品经理需求量也日趋饱和。对于一些创业公司来说，想法、资金与资源比产品的交互和用户体验更重要，而产品的交互基本上可以完全照搬已有的模式。于是又给一些人带来了另一种幻象——专门的产品经理已无必要，产品经理职位前景堪忧。

由于云服务、大数据、人工智能等产品常年被当作支撑性产品对待，使许多公司和从业者认为这些东西只能由具备专业知识的技术人员主导。而互联网的产品一旦面向大众，势必要由技术驱动转为产品驱动，十年前的网页开发技术如此，五年前的移动应用技术如此，未来的大数据、人工智能技术同样会如此，且转换的速度会更快。产品驱动就必然要求有专门的产品经理，而产品经理真实的素养应当是：

- 对垂直行业有深刻的理解，并清楚如何与互联网元素建立有效连接（而不仅是浏览行业资讯加体验尽可能多的竞品）；
- 对产品架构的建设与把控，始终保持对产品的整体化认知，合理升级产品来应对市场、需求和场景的变化（而不是开会，写需求文档，画原型图）；

- 对产品生态的构建和优化,有效整合用户体验、商业模式、市场行情等各维度资源(而不是单纯地把改进视觉与交互当作用户体验的优化)。

因此,产品经理一定要具备某个垂直领域的专业技能,且具备跨界的知识储备。

数据便成为这个语境下的代表素养之一,这意味着,产品经理不仅要具备互联网从业者的基本素质,还要对大数据和人工智能的产品化有专业的洞察能力。

可是,对于一个具有这方面潜力却缺乏经验的人来说,想要培养数据思维却缺乏系统性的指引。我在腾讯的这些年,有无数产品经理问我有哪些书籍可以用作数据相关的参考,而我当时给他们的只有那些通用书籍:讲产品经理的书、讲交互设计的书、讲数据分析的书,甚至讲数据库技术和编程的书。这些确实是他们都需要有所了解的,但这样的学习无疑既低效,又没有系统性,很可能他们努力了半天却在产品业务上得不到显著的成长。

如今,这样一本有系统性且沉淀着产品数据方法论和实践经验的书即将面世,我很高兴地将它推荐给你,以及下列人士。

- 产品新人,引导他们的职业生涯。
- 产品老人,供他们参考以少踩"坑"。
- 所有互联网人,指导他们以数据驱动产品运营,并拓宽他们在大数据方面的视野。
- 任何人,只要他们对未来的互联网怀有浓厚的兴趣。

刘凌(Lillian)
腾讯专家产品经理、QQ浏览器产品与运营总监

推荐序二

我不从事产品经理工作，也不在大家常说的互联网行业，但当我有幸阅读到本书的一些样章时，便爱不释手。书中谈到的对产品和数据的研究方法和思路，与企业运营管理的诸多方面是相通的：根据企业运营目的设定数据指标，之后这些数据在各个环节产生，我们通过各种手段将这些数据及时收集起来，使它们成为对我们有用的数据，再将这些收集到的数据通过一定的规范和逻辑进行处理，以较为直观的方式呈现出来，供管理者分析使用，以挖掘其中的意义并及时对经营活动做出调整。

在数据化管理的背景下，数据本身蕴含着巨大的价值，它使我们的生活和工作更加科学和便捷。书中详细讲解了数据支撑体系是如何运作的，这对于帮助读者构建系统的数据素养是大有裨益的。

除了大量的知识点，作者还将理论联系实际，不局限于产品和互联网领域，结合对大量案例的深入剖析，帮助读者快速理解和记忆。同时，为了避免分散本书的主题，作者巧妙地将每个案例做成了扫码阅读的方式，读者可以随时随地利用碎片化时间学习。

本书采用问答的形式更符合人们的学习和认知习惯，便于读者带着问题和思考有目的地学习。

此外，书中各章之间环环相扣但又相对独立，你可以把它当成一本工具书，在你遇到问题的时候去查阅，也可以从头到尾细细品味。

无论你在什么领域、什么岗位，只要你对数据研究有兴趣，都不妨读读此书，也希望你能同我一样，从书中得到启发。

王琪峰
视源股份（CVTE）高级副总裁

推荐序三

也许你遇到过这样的场景,当你向其他人提及"数据产品经理"或"数据驱动运营"这些概念时,对方可能会问"你是指数据分析师做的事情?"或者"这是不是产品运营需要关心的内容?"在当今大数据时代,你的团队中可能也确实存在数据分析师、数据挖掘工程师这样的专职角色。

实际上,数据相关的工作以移动互联网的发展为节点大致分为三个阶段。

- 第一个阶段,在移动互联网爆发前(2011年之前),产品经理这个角色几乎不承担数据相关的事情(甚至产品经理这个概念才刚刚被引入互联网行业)。数据工作以支撑和辅助产品的功能开发和运营为主,那个时候,只需要安排产品助理兼做一下数据的埋点和收集,再由开发或运维工程师将数据做初步的汇总后提取出来,交由产品团队解读。

- 第二个阶段,移动互联网爆发初期(2011年至2013年),随着智能手机开始普及,一时间涌现出各种各样的App产品,用户数据的维度越来越丰富,使数据规模发生了数量级的增长。数据的重要性逐渐显现,各企业开始建立专门负责数据挖掘和数据分析的顾问团队,这些团队的成员以数据挖掘工程师和数据分析师为主,探索数据决策的各种方向。这些顾问团队虽然很少参与产品的实际规划,但是会给出专业的分析报告和决策建议。

- 第三个阶段,移动互联网高速发展期(2014年至今),移动互联网生态呈现阶段性稳定,各领域的头部产品占据了用户和数据的优势资源,国内互联网巨头整合数据资源跨行业布局大数据,使得数据、产品、用户紧密相连,用户已开始受益于大数据及基于大数据的人工智能技术。由于数据已不再是过去那种孤立的资源,亟须系统化、产品化运作,以数据产品经理、大数据工程师、人工智能工程师为代表的智能型数据团队的价值得到彰显和认可,他们参与到产品研发、运作和维护的各个环节,形成行业—产品—数据一体化的格局。

今天，产品经理对数据把控的必要性主要体现在以下四个方面。

- **主导以数据驱动产品**。在阶段性稳定期，无论是产品的技术、体验还是市场均已被探索实践并达到阶段性顶峰。由于数据通常来源于用户最真实的表现，越来越多的互联网企业及其产品团队将目光转向数据，开始了对数据驱动产品的探索。而产品经理便是数据驱动产品的主导人，产品经理与其他角色在产品探索上各司其职，又在产品目标上殊途同归，分工协作拓宽产品发展的路径。

- **产品经理要更具有数据敏感度，并要具备逻辑严谨的表达能力**。例如，在向公司决策团队汇报时，产品经理通常要事先通过数据分析得到一些初步的结论和假设，再以精确的表述汇报，而不是以"有一定比例的用户遇到了问题"这种含糊的方式来表达。

- **打造和经营专业的数据产品**。数据积累到一定程度能够发挥难以想象的作用，并以产品化、产业化的形态发展。这种态势推动产品建立专业的大数据体系。而数据产品在整个数据体系中起到了不可或缺的作用。产品经理能够结合对数据和用户产品的深刻理解，应用产品的理论和实践，打造和经营与用户产品无缝协作的数据产品，在保证数据兼容性的同时，大幅提升了数据的利用效率。

- **充当产品团队与数据团队的纽带**。假如产品团队与数据团队彼此独立，各行其是，无疑既不利于数据对产品的驱动，又无益于公司内部的有效协作。这就需要产品经理从产品团队的视角随时捕捉产品的数据需求，将其转化成可用数据描述的模型，便于数据团队的研究；也需要产品经理从数据团队的视角，找准契合点，将数据方案落实到产品上，发挥数据的价值。

对于国内外知名互联网企业而言，数据思维和数据技能是产品经理的必修课，这会使产品经理与数据分析师有一部分技能重合，但前者注重对数据方案和产品的整体把握，而后者注重对数据的挖掘、分析、提炼的专业探究。在互联网大大小小企业纷纷进行大数据战略布局的当下，数据也被以产品化的形态运作，这就对产品经理的数据素养有了更高的要求。如果你也有志于提升自己的数据思维能力和技能，那么请翻开本书，从提问出发，探索这个精彩的数据世界吧！

张明新

华中科技大学新闻与信息传播学院教授、院长

推荐语

数据是互联网的指路明灯，数据视角是每一个从事互联网创业的 CEO 和产品业务人员都需要具有的，比如如何看大数据应用，数据如何驱动业务，如何完成数据化运营。本书给出了一个很好的框架：从提问出发，找到关键的数据逻辑，合理部署资源，然后运用数据理性地回答，适合互联网从业者和对数据视角有兴趣的人士来阅读。

——翁翔坚（Neo）

金宝贝科技创始人兼 CEO，英语流利说合伙人、首席产品官

用户需求千变万化，千人千面，作为产品经理，单靠个人经验来做产品设计或运营就像盲人摸象一样。唯有数据才能让你真正了解用户，作为产品经理一定要有数据意识，要懂数据，会看数据，会分析数据。推荐阅读本书，做一个科学化的产品经理。

——曹成明（老曹）

起点学院、人人都是产品经理创始人兼 CEO

在数据分析领域折腾多年，我越来越觉得"数据分析"不该是一种职位，而应该是一种人人必备的能力。读到本书，更让我坚定了这个观点。产品思维+数据分析，这样的复合能力，实在诱人。本书完备的知识体系加上深入浅出的解读，相信能让不少朋友具备这样的能力。宽泛地说，这是一本人人可读的书；而对于互联网行业的朋友，本书理应在你的"悦"读书单之中。

——胡晨川

饿了么高级数据专家，行业畅销书《数据化运营速成手册》作者

近年来，移动互联网、大数据、人工智能的发展为人类生活带来质的飞跃。其中，大数据具有海量、多维度、完备性等特点，所具备的潜力和为各行各业创造的价值，是每一位互联网从业者有目共睹的。产品经理作为互联网先锋角色，势必要拥有互联

网前沿思维,肩负起建设未来互联网的重任。这本书为修炼大数据思维提供了一个独特的切入点,它立足于实战,先引导读者提出有价值的问题,再围绕问题逐步分解,从而让读者得到属于自己的解决方案。作为工作之余自我提升的手册,本书值得每一位力争上游的产品经理阅读。

——方魁(Kenny)
腾讯专家产品经理、QQ产品总监

作为一名技术出身的投资人,我始终对技术和产品保持高度的关注和兴趣,因为我相信做好产品和做好业务在方法论上有很多相通的地方。R.D.是一个功底扎实的产品经理,更是一个优秀严谨的讲述者,相信这本深入浅出的佳作能够给各种背景对产品开发感兴趣的朋友很多启发。

——张迟
晟道投资副总裁

孩童在从偶遇音乐到成为音乐达人的过程中必然会经历无数的坎坷与波折,映射到立志要做一位出色的产品经理的人身上,就是从初入职场开始所经历的一系列"打怪升级"的过程。你眼前就是这样一本书,它不向你灌输知识,而是引导你提出问题,系统化思考,提升实战水平,靠自己的实力实现飞跃。

——汪涛
深圳市鹏金所互联网金融服务有限公司总经理

本书涉及的大量方法论与技巧,凝聚了作者对数据运营和数据产品的思考、实践和经验。跟随本书实战演练,边学、边做、边领悟,相信会助读者在工作中事半功倍。

——戴学锋
深圳市鹏金所互联网金融服务有限公司 CTO

互联网时代的当下,好的产品已不再是靠产品经理拍脑门设计了,而是通过数据来驱动产品快速迭代,并基于数据运营。本书通过 30 问的形式帮助产品经理快速理解"数据产品"的方方面面,作者以自己在腾讯等公司 5 年多的数据产品经验,对大量的实例进行了深入浅出的讲解,形式新颖,值得所有对互联网、数据、产品感兴趣的人阅读。

——乔迁
武汉小果科技有限公司 CTO

随着"互联网+"和数字经济逐步在各行各业深入,整个社会的数据也在不断融合与结构化,个人、企业、政府在数据方面的产出和需求越来越多,也越来越多样化。对大数据的分析和运营也成为一个基础的能力。在这个大数据时代,每个人,尤其是互联网产品经理,不仅要有数据意识,更要建立对数据的思考,运用好数据挖掘的价值。在本书中,作者不是向你灌输知识的老师,而是与你共同思考问题的伙伴——你的收获将是你自己的成就。

——辛建华(Steven)
微信支付运营总监

本书是市面上少见的一本面向产品经理的数据能力修炼书籍,生动形象地描述和解释了什么是数据产品思维,以及如何进行有效的数据运营,通俗易懂,趣味性强,是一本非常适合产品经理系统化建立数据思维的入门读物。

——陈少华
华中科技大学教授,华中科技大学出版研究所所长,
全国新闻出版信息标准化技术委员会委员

This is an excellent textbook for such a highly-demanded position, which covers everything a professional product manager needs to know. This is a magical tome of wisdom that unveils the secret of winning in the future wars of big data. This is also a meticulous handbook for anyone who is new to but intrigued by information technology, data processing and artificial intelligence.

——Dr. Zhe Liu(刘哲)
Material Scientist, University of Pennsylvania

这是一本实用性非常强的书,对有志于从事互联网数据分析相关工作的从业者有很好的帮助。作者根据自己在国内顶尖互联网公司从业的经历,为我们介绍了大量珍贵的案例,同时也系统、专业地展示了互联网数据分析的具体工作内容、从业者能力模型,以及分析方法,希望能为更多互联网从业者开启数据思维之门。

——符凌霄(Lennox)
腾讯游戏资深运营经理

大数据时代,如何充分挖掘数据价值是很多公司非常重视的一项工作,尤其在互联网行业里。但对于非专业从事数据分析的人员来说,这项工作的难度较大,门槛较高。本书基于作者过往多年的互联网数据运营工作实践,向大家呈现了全面的数据运

营方法和知识，包括宏观层面上的数据运营体系构成及运作机制，微观层面上的数据分析方法及案例、数据化运营思路及实践、数据处理工具及技巧、数据可视化展现介绍及Demo等。与市面上大多数数据分析书籍的不同之处是，本书以日常工作中常遇到的问题为切入点，通过对具体问题的分析，给出了如何应用数据运营和分析来解决问题的方案，并以具体的实践案例作为补充，使读者更容易理解和掌握。相信本书会对数据运营工作从业者，以及希望学习相关知识的朋友有所帮助。

——陈剑勇（Jarvis）
富途集团商业智能负责人，腾讯QQ前高级数据产品经理

作者有丰富的数据分析经验，在《产品经理数据修炼30问》中详细介绍了如何入门数据分析，以及互联网公司中数据支撑体系的运转机制等。在人口红利吃尽，流量获取渐难的时代，数据分析是精细化运营产品的重要武器，本书值得大家细细阅读。

——王萌湫（Cathie）
腾讯音乐高级数据产品经理

这本书不仅讲了如何用数据解决产品运营中的各种问题，更重要的是，它教给你一种从数据切入产品的思维方式，从"数"的角度厘清了脑海中零碎纷繁的想法。读完本书，你会有一种豁然开朗的感觉。

——陈绪涛
滴滴数据与用户研究员

一本《人人都是产品经理》让无数人走上了产品经理的道路，但从业后你会发现产品经理并不是一个低门槛的岗位，要掌握各种各样的知识和技能。数据分析就是产品经理的一项非常重要的技能。不管你是新人还是熟手，在创业公司还是成熟企业，在本书中都能学到非常多的知识。而且本书理论与实践并重，案例丰富，让你更易理解。愿你读完后能吸收并融入自己的知识体系内，从而应用到日常工作中。

——刘文超（Vic）
贝致产品负责人，腾讯QQ前高级产品经理

优秀产品的诞生并非偶然，其背后总存在方法论辅助决策。本书既系统地讲解了产品经理所需的理论知识，又与实例和日常工作相结合，进行了由浅入深的讨论，有助于人们养成产品经理的思维。

——许方舟
Google Research & Machine Intelligence 工程师

这是一本系统描述数据产品方法论和实践经验的书。我这个传统产品和项目经理出身的企业负责人读后亦对互联网产生了更浓厚的兴趣。

——刘书学

山东齐鲁电机制造有限公司总经理

前　言

世上没有傻问题

看到本书的标题，也许你会感到既严肃又随意。严肃是因为它指明这是一本面向产品经理的职业书，随意则是由于它的"30问"——为什么是这30个问题？为什么是"问题"而不是"讲解"，比如"30讲"或"30解"？

实际上，**比起解答，本书更侧重于提问**。

近十年，互联网行业的高速发展令人惊讶，互联网从业者需要不断学习，才能跟得上行业剧变。以解决具体问题为导向的学习是一种行之有效的快速学习法。基于这个思路，本书旨在引导读者提出自己的问题，无论一个问题看上去是精妙还是荒唐，只要它给读者的工作带来了困惑并能够激发读者深入探究的兴趣，那么它就是一个有价值的问题。

一旦明确了问题，解决它便会水到渠成。对书中每一个问题的回答，都是笔者引导读者参与讨论的过程，其中融入了笔者自身的思考和实践，希望读者能够在讨论的基础上，进一步探究部分内容，形成自己的解决方案。

你是产品经理，更是数据产品经理

产品经理不像互联网行业中大多数职位那样存在科班出身的从业者——从如今高校开设的学科中，我们能够轻易地找到与研发工程师、设计师、数据分析师、广告与公关等职位对口的专业，却很难说清哪个专业是以培养产品经理为目标的。这就意味着，与其说产品经理是一个职位，不如说它更是一种责任及一系列思维方式——只要你在以产品经理的方式思考，为产品的结果负责，你就可以担任产品经理。

那么，数据产品经理又是什么呢？总结起来，有如下核心关注点：

- 产品数据。日登、日活、日付费，每天要用哪些数据指标来衡量产品的健康与否？
- 数据产品。数据报表、用户画像、任务调度，是否要通过各种数据门户平台查阅、分析和处理数据呢？
- 数据化运营。以数据驱动产品运营，如何制定可量化的运营策略？如何根据数据评估运营效果并迭代产品？

在如今的智能时代，各行各业都需要数据，正如各行各业都需要产品经理，相信你一定会频繁与上述内容打交道。因此，不知不觉间，你已经在用数据思维做产品了。

当然，我们不应把"数据产品经理"和"数据分析师"混为一谈，虽然二者有一部分重合技能，但前者注重对产品和数据方案整体的把握，而后者更擅长对数据进行挖掘、分析和提炼等专业性探究。

本书适合谁

- 爱学习，需要数据思维的互联网产品经理。
- 专职的数据产品经理，包括负责数据平台的产品经理，以数据为导向的产品经理。
- 希望打造数据产品体系的团队管理者或创业者。
- 想要了解互联网产品和数据思维的各界人士。

只要你乐于提问，并愿意基于书中的兴趣点进一步系统化学习，本书一定能够给你启发。

本书不适合谁

- 只希望从事最基础工作的产品经理，如画原型，写需求文档，与工程师"争吵"。
- 追求"干货"和万能方法论的互联网从业者。
- 认为人际关系和资本才是王道的团队管理者或创业者。
- 不认为数据能够产生价值的人士。

如果你属于上述人群，请不要在本书上浪费时间，利用这些时间去做更有意义的事情吧。

另外，书中讨论的 Excel 高级技巧、R 语言、SQL、人工智能等内容仅限于帮读者建立初步认知,如果你是为深入学习这些内容而来的,请一定不要选择本书,其他相关的专业书籍会更适合你。

关于阅读进度

由于本书最关键的内容在于引导读者提出问题,你可以通过浏览的方式快速地读完整本书,当日后工作遇到问题时再回来翻看对应的内容,不必从一开始就逐字逐句地阅读。因此,笔者建议以每天 1~2 问的节奏阅读,花至多 1 个月的时间读完本书。

在阅读的过程中,请注意每一问末尾的进度图(如右图所示),它向你指示了阅读完成度。

每一单元的脉络图则对该单元的关键讨论进行了总结,你可以在本书的彩插中找到它们,也可以扫一扫每一单元末尾的"打卡"二维码,将它们收藏于微信或分享给好友,以便在工作中随时查看。

老套却必要的致谢

感谢那些曾经爱我,现在爱着,未来将爱我的人,他们的支持,让我得以克服各种困难和懒惰,将本书写完。

感谢华中科技大学新闻与信息传播学院张明新、陈少华教授对我的谆谆教诲,以及 QQ 浏览器产品与运营总监刘凌(Lillian)、业务导师符凌霄(Lennox)和陈剑勇(Jarvis)在职场中指导我快速成长,为我指明了本书的选题方向。

感谢我的同事们,与他们共事的经历,是本书内容的源泉。

感谢视源股份(CVTE)王琪峰亲笔作序,以及行业内外各位专家学者倾力推荐,令拙著增光添彩。

感谢电子工业出版社博文视点的郑柳洁和汪达文编辑,以及未曾有幸见面的编辑老师们,他们就是图书的产品经理,辛勤的付出促成了本书的面世。

感谢设计师何积平,包揽了本书全部的设计元素,以惊人的效率让我见识到专业的水准。

亲爱的读者,感谢你激活本书的意义,让知识不再留守于冷冰冰的书本中,也希望得到你的推荐及猛烈而善意的批评,让我们共同进步。

目　录

第一单元　刚接手一款产品，如何快速了解它

第1问　重新定义产品，应从哪开始？ 3
  1.1　寻找一个切入点 3
  1.2　宏观：领域与生态 4
  1.3　中观：产品全局 4
  1.4　微观：产品功能与用户 5
  1.5　归纳与重新定义 7

第2问　怎样理解产品中那些酷炫的数据指标？ 10
  2.1　指标背后的要素：时间粒度和口径 10
  2.2　值得思考的"终极问题" 12
  2.3　为数据指标分类 15

第3问　产品中有那么多功能，怎样摸清它们的脉络？ 18
  3.1　画一张属于自己的产品地图 18
  3.2　已登录 or 未登录 21
  3.3　好友 or 陌生人 21
  3.4　流量 or Wi-Fi 联网 22

第4问　了解产品用户，应选择用户画像还是用户特征？ 23
  4.1　用户画像 vs 用户特征 23
  4.2　关注不发声的大多数用户 25
  4.3　警惕无效的用户特征 25
  4.4　识别用户反馈带来的伪需求 27

第 5 问　关于产品与数据，还有哪些值得注意的概念？ 29
　　5.1　这些用词的区别在哪里 29
　　5.2　保持名称的一致性 33
　　5.3　近似值和数值的位数 33

第二单元　数据支撑体系是如何运作的？

第 6 问　人力：数据团队中有哪些幕后英雄？ 39
　　6.1　数据产品经理 40
　　6.2　数据分析师 40
　　6.3　数据项目经理 41
　　6.4　开发工程师 41
　　6.5　测试工程师 41
　　6.6　运维工程师 42
　　6.7　基础研究员 42

第 7 问　物力：数据产品是怎么来的？ 44
　　7.1　是的，依然来自需求 44
　　7.2　不一样的需求过程 45
　　7.3　同样存在伪需求 48

第 8 问　除了报表平台，数据产品还包括什么？ 51
　　8.1　先给数据产品分个层次 51
　　8.2　数据采集层 52
　　8.3　数据接入层 53
　　8.4　数据处理层 53
　　8.5　数据应用层 54

第 9 问　数据上报前需要做哪些准备工作？ 56
　　9.1　准备一：允许上报什么样的数据 56
　　9.2　准备二：定义数据协议和数据 Topic 58
　　9.3　准备三：统一文本编码 59

第 10 问　埋点就是数据采集吗？ 61
　　10.1　标准动作三步走：埋点、采集、上报 61
　　10.2　采集组件的两类功能：机制型功能和服务型功能 63
　　10.3　对采集组件优化的思考 64

第 11 问　数据上报到哪里去了？.. 66
11.1　不得不谈的技术流程.. 66
11.2　数据仓库 vs 数据库.. 67
11.3　用可视化方式达成约定.. 69

第 12 问　我们可以直接使用上报的数据吗？.................................. 72
12.1　数据处理的基本操作：归并和计算.. 72
12.2　任务调度平台，自动化处理引擎.. 75
12.3　横表 vs 纵表.. 79
12.4　事实表 vs 维度表.. 80

第 13 问　数据处理好了，我可以享用哪些服务？.......................... 82
13.1　数据门户的家族成员.. 82
13.2　报表呈现的奥秘.. 83
13.3　运筹帷幄的 Dashboard.. 85
13.4　火眼金睛的用户分析平台.. 86
13.5　温暖人心的数据订阅.. 89
13.6　万能的 SQL，灵活的即席查询.. 91

第 14 问　体验优良的数据产品有哪些表现？.................................. 94
14.1　交互是体验的一部分.. 94
14.2　别让我思考，值得强化的基础体验.. 95
14.3　别让我孤单，多方位的支持服务.. 99
14.4　别让我犯错，严格对待权限与安全.. 102

第三单元　立足当下，如何轻松实践数据化运营？

第 15 问　怎样快速树立数据化运营思维？.................................. 107
15.1　认清运营的焦点：用户.. 107
15.2　理解用户数据的六步循环.. 109
15.3　明确数据化运营与数据产品体系的关系..................................110

第 16 问　数据啊，数据，我的产品怎样才能成功？.................. 112
16.1　感性地提出一个问题.. 112
16.2　将问题分解为能够量化的指标.. 112
16.3　理性地回答问题.. 114

第 17 问　怎样制定合适的数据上报策略？ 116
17.1　大声说出你想了解的内容 116
17.2　数据化各实体，寻找定义要素 117
17.3　用语义表达法试验上报策略 120

第 18 问　哪些用户数据值得收集？ 125
18.1　对用户行为的三步思考 125
18.2　操作不仅仅是"单击" 128
18.3　操作时长数据的上报 130
18.4　用户属性的时效问题 131

第 19 问　怎样为数据赋予运营的意义？ 132
19.1　从"使用 iPhone 手机的深圳市女性用户每日发消息情况"说起... 132
19.2　口径对数据事实的影响 134
19.3　累积处理要赶早 135

第 20 问　怎样对待未登录用户和小号用户？ 139
20.1　匿名访客，你的需求同样重要 139
20.2　自然人识别，揭开用户 ID 背后的真相 142

第 21 问　为什么要进行用户建模和用户分层？ 146
21.1　用户建模，基于已知探索未知 146
21.2　用户分层，让群体特征更明显 149
21.3　四象限法，实现双维度分组 152

第 22 问　怎样精确控制 A/B 测试？
22.1　回顾一场典型的 A/B 测试 154
22.2　用数据控制两组用户的差异变量 155
22.3　虚拟 A/B 测试，只靠数据就能搞定 158

第 23 问　数据是怎样推动产品灰度发布的？ 162
23.1　灰度发布，为产品引路的金丝雀 162
23.2　对参与用户的筛选 165
23.3　对参与用户的数据跟踪 165
23.4　把质量数据作为能否进行下一轮发布的依据 166
23.5　灰度发布的注意事项 166

第 24 问　"随机播放"为什么让用户感觉不随机？.........168
  24.1　请随机播放几首歌曲 168
  24.2　还没有注册，就让我登录？..........169
  24.3　天啊，刚刚发生了什么？..........172

第四单元　智能时代，还有哪些数据必修课？

第 25 问　各式各样的图表分别适用于哪些场景？..........177
  25.1　数据报告中常用的图表 177
  25.2　统计与分析的选择 180
  25.3　产品经理的最爱 182
  25.4　不宜滥用的图表 184
  25.5　图表高效表达的四大原则 186

第 26 问　相比 Excel，R 语言更适合绘制图表吗？..........189
  26.1　R 语言不仅擅长绘图 190
  26.2　R 语言更是统计分析能手 194

第 27 问　Excel 中有哪些一学就会的高级技巧？..........198
  27.1　"单击即用"的隐藏功能 198
  27.2　一定要会的几个公式 203

第 28 问　怎样通过 SQL 自由地查询数据？..........212
  28.1　在 Access 中运行一段 SQL 代码 212
  28.2　聚合查询 214
  28.3　合并查询 216
  28.4　联结查询 216

第 29 问　人工智能可以带给我们哪些启发？..........219
  29.1　怎样理解人工智能 219
  29.2　机器学习与大数据 221
  29.3　人工智能产品思维 223

第 30 问　有哪些现成的数据可在运营中参考？..........226
  30.1　大数据指数 226
  30.2　互联网行业和产品资讯 229
  30.3　政府机构统计数据 232

第一单元
刚接手一款产品，如何快速了解它

第 1 问　重新定义产品，应从哪开始？

第 2 问　怎样理解产品中那些酷炫的数据指标？

第 3 问　产品中有那么多功能，怎样摸清它们的脉络？

第 4 问　了解产品用户，应选择用户画像还是用户特征？

第 5 问　关于产品与数据，还有哪些值得注意的概念？

第一单元脉络图

全彩清晰版见彩插

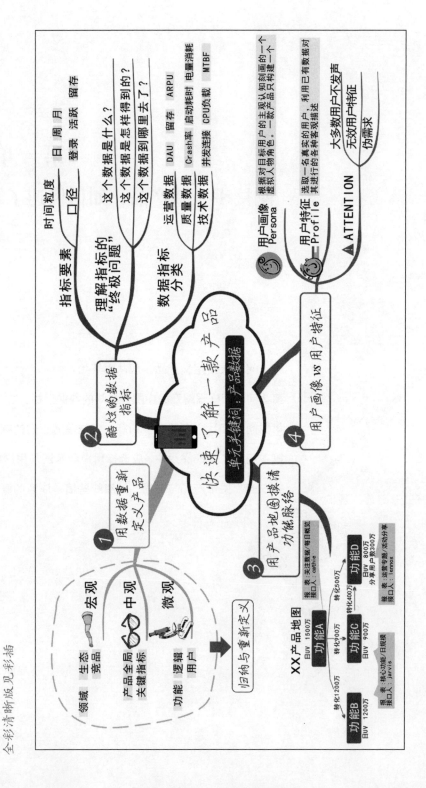

第 1 问 重新定义产品，应从哪开始？

产品经理所做的一切工作，都要建立在对所负责的产品非常熟悉的基础之上。每个刚刚加入团队的产品经理都会面临这样的疑问：团队负责的产品早已上线，我无法了解它的来龙去脉，怎样才能快速熟悉这款产品呢？也许，你可以尝试重新定义这款产品。

1.1 寻找一个切入点

重新定义产品就是在脑海中重塑产品从 0 到 1 的过程——实际上，这套方法论不仅对产品经理有效，对任何想快速了解产品细节的新成员都适用。你可以从自己最擅长的或是最感兴趣的点切入，比如：

- 你擅长分析用户需求，那就从用户的角度重新定义产品；
- 你擅长商业推广，不妨从产品的商业模式、市场定位等维度尝试重新定义产品；
- 你对产品流量的转化感兴趣，那么从渠道研究、内容分发、转化效果分析的角度重新定义产品也是不错的选择。

当然，你可能会担心，这样切入一款产品未免太片面。而**从数据的角度切入**会是一种更具系统性的思路，也更容易让我们在把握产品全局的同时，熟悉产品的细节。图 1-1 中的思路是从产品的宏观、中观、微观层面分别进行数据洞察，然后归纳出产品的新定义。

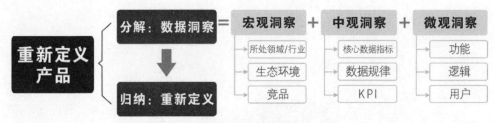

图 1-1 思维导图：用数据重新定义产品

1.2 宏观：领域与生态

宏观的洞察不会直接剖析产品，它更关注产品所处的细分领域（或行业），以及这个细分领域的生态环境。了解这些，不仅可以让我们对产品在互联网中的定位有较为清晰的认识，还可以让我们对产品的发展空间有大致的预测，提前构想产品的重大节点，不至于在今后的工作中，对产品现状过度悲观或者过度乐观。

这些洞察在你接手一款产品之前就可以着手准备了，你可以广泛地收集和研究有关产品的信息和数据。在研究之后，你可以尝试回答下面几个问题。

- 产品的目标用户在整个互联网中约占多大比重？
- 产品所处领域或行业对互联网的依赖程度如何？互联网可为产品带来哪些优势？
- 产品所处领域的生态环境是怎样的？
- 在产品所处领域中，综合排名前 3 的产品是什么？它们各有哪些特征？你的产品是否在其中？若不在，你的产品与前 3 名的产品相比，存续的理由、优势与不足有哪些？
- 在产品所需的资源中，哪些尚未被充分开发或利用？若能够利用好这些资源，产品的数据将有怎样的体现？
- 在产品所需的资源中，有哪些是当下互联网难以提供的？这些缺憾现在有何弥补措施？在未来发展中会如何解决？

这些问题可以怎样回答呢？扫一扫查看举例。

1.3 中观：产品全局

如果说我们是拿着"望远镜"洞察宏观的产品领域与生态，那么将视线收回，审视我们负责的产品就是中观的洞察了。

中观视野需要关注的是产品全局的数据及其特征，这不仅包括产品当前各种数据指标的规模，也涵盖这些指标历来的变化[1]，以及公司或团队对各项数据指标未来预期的走势。

这些数据可以在产品的数据分析系统或者数据报表平台中查阅。如果尚未建立这类数据平台，则可以询问团队中的前辈，或者搜集公司每周或每月发布的报告，并从这些报告中寻找备受关注的数据加以整理。对于竞品的数据，如果没有特别的渠道，那就紧盯竞品对外披露的信息。

通过中观的数据洞察，我们需要了解到产品核心的关注点、产品的长/短期目标，并能知道每个核心数据指标的受控因素，明确今后开展每一项工作的优先级。这包括尝试回答以下问题。

- 产品有哪些核心数据指标？哪些是产品经理最关注的？这些数据近一周的平均值大约是多少？这些数据的波动会对产品产生怎样的影响？[2]
- 每项数据指标的统计口径是怎样的？历史上是否存在统计口径的变更？如果有变更，那么变更的原因是什么？
- 每项数据指标的意义是什么？其走势是否存在显著规律？
- 如果产品具有商业属性，那么哪些数据是与收入直接关联的？
- 哪些数据会被计入公司或产品的 KPI[3]？你认为将这些数据计入 KPI 合理吗？是否存在优化空间？
- 竞品及领域中排名前 3 的产品，在相应的数据指标上有怎样的表现？

扫一扫

这些问题还可以怎样回答呢？扫一扫查看举例。

1.4 微观：产品功能与用户

现在请将"望远镜"放到一边，拿起"显微镜"去观察你的产品，这时你会关注到产品的各个功能、交互逻辑、用户及其行为。

微观洞察需要我们对产品的每一个功能都有充分的体验，清楚每个核心功能的到

---

[1] 如果条件允许，则可以一直追溯到产品最初发布的数据。

[2] 实际上，我们很少考虑数据的波动对产品有什么影响，因为数据往往只是产品表现的最终结果，所以更多场景下应当询问产品策略的变动或者产品所受的各种影响会在数据上有哪些体现。但在使用数据重新定义产品的过程中，我们可以尝试这种逆向思考。

[3] KPI，Key Performance Indicator，关键绩效指标，即我们常说的业绩考核指标。

达路径、到达每个功能的入口分布、每个页面到下一级页面的跳转逻辑等,并尝试与数据进行对比参考。

- 将每个核心功能的到达路径与路径上各功能的打开用户数进行对比参考,了解用户在逐步进入目标功能过程中的转化情况。

  例如,在微信中发一条朋友圈,若要打开这个功能,需要先在主界面上单击"发现"标签页(记为功能 A),再通过单击"朋友圈"按钮进入朋友圈主页(记为功能 B),然后单击右上角图标选择"从手机相册选择"选项,选择手机中的照片并完成(记为功能 C)。那么对于目标功能 C 的到达路径即为功能 A→功能 B→功能 C,观察功能 A 的日单击用户数、功能 B 的日访问用户数、功能 C 的日访问用户数,了解用户从登录主界面到功能 C 的过程中转化的情况。

- 将到达每个功能的入口分布与这些功能通过各入口打开的次数进行对比参考,了解每个功能各入口的重要程度。

  例如,微信的联系人资料卡可以通过 4 种方式打开:在联系人列表中单击联系人头像或名称(记为入口 A),在对话窗口中单击对方的头像(记为入口 B),在朋友圈中单击联系人头像(记为入口 C),在一条朋友圈下方点赞列表中单击联系人名称(记为入口 D)。找到由这 4 个入口分别打开联系人资料卡的日打开次数,了解联系人资料卡功能各入口流量的占比,以及 4 个入口之间的数据差异。

- 将每个页面到下一级页面的跳转逻辑与各页面中每个下级页面入口被单击的用户数进行对比参考[1],了解各页面中处于不同位置的可单击项的被关注程度。

  例如,微信的"钱包"页面中有几十个下级页面的入口。列出"钱包"页面中每一个下级页面入口的日单击用户数,再查询"钱包"页面的日访问用户数,据此可以很容易地观察到每个下级页面入口的受关注情况,以及用户关注率。

- 将对产品的体验与相关的数据进行对比参考有助于在今后的工作中对产

---

[1] 页面到下一级页面跳转逻辑与功能的到达路径所关注的数据指标均为"访问用户数",区别在于,前者是自上而下的观察,重点关注从一个页面可以到达哪些页面及用户流转情况;而后者是自下而上的观察,重点关注一个功能被用户打开的途径及用户转化情况。

品的新增功能进行数据评估。

如果新功能还处于规划阶段，决策者只对新功能的关注用户数或用户转化率给出预期，那么你可以根据这个预期的数据规模结合你所做的对比参考，给出可以把这个新功能的入口放在哪里，以及页面跳转逻辑的建议。

如果新功能已经由决策者确定了入口所在位置及页面跳转逻辑，那么你可以根据已确定的内容结合之前的研究，预估上线后的用户转化情况。

除了产品功能，微观洞察的另外一个重点就是产品的用户，这需要思考用户会怎样使用产品，以及产品中的每一个功能给用户带来的影响。

实际上，从产品功能的层面看，几乎全部数据都是由用户使用产品的各种行为所产生的，因此，说**产品的一切都是为了更好地服务用户**一点不为过。

在对产品的功能有了充分了解后，可以带着下面这些问题理解产品的用户。

- 产品的活跃用户具有哪些基本特征？
- 产品的用户画像是怎样的？
- 每个功能的活跃用户的基本特征是怎样的，与产品总体的活跃用户有哪些异同？
- 用户在使用哪些功能时可能存在痛点？

微观洞察较为关注产品的细节，也是深入理解产品的契机，值得我们花足够多的精力观察与分析。

如果产品保留了较为完整的历史数据，那么不妨拿不同版本的数据来看一看，说不定可以从中观察到产品发展历程中有趣的事情，增强对产品起源的认知。

如果产品保留了较为完整的用户行为跟踪数据，那么不妨抽取几个用户的数据来研究研究，看看这些用户究竟是如何使用产品及其各功能的，以增强对用户的认知。

1.5 归纳与重新定义

从数据的角度对产品进行了宏观、中观、微观的全面扫描之后，我们已经对产品的里里外外有了更深入的了解。这包括产品所属的互联网领域的现状、生态环境，产品全局的核心数据指标及其口径和意义，产品的 KPI、用户特征，竞品的相关情况，产品各功能的数据、逻辑、用户流量分布、用户特征。

现在，我们可以将每一步的洞察**用一段文字归纳**[1]，这段文字就是我们对产品的理解，即产品的重新定义。

在这里，笔者提供这段文字的一种模板供你参考，但这并非标准答案，也不是最佳答案，甚至根本不是答案。实际上，这段文字可以完全按照你喜欢的风格自由发挥，只要能充分将产品的特征用数据的视角描述清晰就可以了。

 读一读

××（产品名称）是一款××（领域）互联网产品，它在领域中处于××××的位置（产品的领域地位、发展程度）。

目前，产品的核心数据规模如下：
- 日登录用户数：××万
- 日活跃用户数：××万
- ××（其他指标）：××万

这些数据具有××××、××××等特征（主要指数据周期特征）。

产品的主要功能有：
- 扫一扫
- 搜索
- ×××（其他功能）
- ……

各功能的日活跃用户情况如下：
- ××功能，日活跃用户数占全局的××%
- ××功能，日活跃用户数占全局的××%
- ……

其中×××（功能名称）功能比较受欢迎，而××××（功能名称）功能可能存在用户痛点。

产品的活跃用户特征如下（活跃用户的数据特征）。
- 性别分布：男性用户××万，女性用户××万
- 年龄分布：×××××
- 主要集中城市：×××××
- ……

扫一扫

怎样结合上文的分解填充这个模板呢？扫一扫查看举例。

---

[1] 这段文字只是一种归纳总结，并非我们用数据重新定义产品的主要目的。如果以熟悉产品为目的，那么你还是应当把关注重点放在上文讨论的"三观"洞察上。

第1问 重新定义产品，应从哪开始？

用数据重新定义产品是以数据作为切入点，快速熟悉整个产品的一种思路。这要参考大量的产品数据，并结合数据做出一些判断与假设，使我们能够较为理性和客观地以较高的效率熟悉一款陌生的产品，但这仍然存在一些局限性。

 想一想，这里的局限性主要有哪些体现？扫一扫查看笔者的思考。

第 2 问　怎样理解产品中那些酷炫的数据指标？

日登录用户数、日活跃用户数、日均每用户收入……产品中形形色色的数据指标都在发挥怎样的作用？每一个指标又是如何定义的？借助对这些问题的讨论，我们可以尝试将产品核心数据指标进行解剖，充分理解每一个指标的数据来源、规则和意义。

2.1　指标背后的要素：时间粒度和口径

包括日活跃用户数、日均每用户收入，我们耳熟能详的这些数据指标几乎都是围绕用户和收入设定的，似乎在绝大多数产品中通用。事实真的如此吗？我们可以稍稍追问几句。

- "日活跃用户数"中的"活跃"在产品中有什么含义？
- 为什么用"日活跃"，而不用"周活跃"或者"月活跃"？
- 如果"日活跃""周活跃""月活跃"都在使用，那么它们各有怎样的侧重？
- "用户"是怎样定义的？若一个人拥有多个账号，算作一个用户还是多个用户？

是不是感到有点语塞？是不是隐约感到数据指标背后存在着许多"坑"[1]？

不要急于回答这些追问，实际上，"日活跃用户数"这个指标未必适用于评估你

---

[1]　"坑"泛指那些因实施了考虑欠周全的方案，致使自己或他人今后的诸多工作难以顺利开展的隐患，属于职场俚语。工作中挖下的"坑"，在未来往往需要消耗较多精力去"填补"。

的产品。正因如此,你可以与同事们探讨是否存在更合适的评估指标?

解读一个数据指标,可将它分解为时间粒度和口径两个要素。

- **时间粒度**表示一个指标所纳入统计数据的时间范围,例如一天、一周、一个月,或者自产品发布以来的所有时间。时间粒度可以认为是数据指标在时间上的限定。

在日活跃用户数指标中,"日"就是时间粒度,通过这个名称,几乎所有人都会知道这项指标统计的是一天(从 0 点到 24 点)的数据。

如此直白的时间粒度还会暗藏玄机吗?恐怕会。

考虑这样一种情况:你的老板希望能够在每一天下班的时候获得刚刚过去的 24 小时的数据情况,而你和老板不可能每天都熬到 24 点才下班。这时你最应该考虑的就是,在"日活跃"这个"日"字上做点文章,是不是可以将一日的定义改为"前一日的 18 点至当日的 18 点"?同样是 24 个小时,既能反映出一天的数据表现,也不至于让大家为了一个数据熬成夜猫子。假设老板也欣然接受了,这样一来,时间粒度"日"就不再是以往大多数人理解的"自然日"了。

- **口径**[1]表示一个指标所纳入统计数据的来源和计算规则,是对指标在空间上的限定。

在日活跃用户数指标中,"活跃用户"可以被认为是指标的口径。然而,名称中的口径用语是精炼过的,必然会掩盖原本复杂的含义。这里的"活跃"是什么意思?或者说,什么样的用户才算是"活跃用户"?

不同的产品对"活跃用户"的定义往往是不同的,比如在一款像微信或 QQ 那样的社交产品中,要求用户在规定的时间范围内要有至少 3 次主动的交互行为才算作活跃;而对于一款在线音乐或视频产品而言,活跃用户至少应是主动打开并播放了音乐或视频的用户;如果是综合性产品,用户会有更加多元化的活跃途径。当然,如果一款产品的功能非常单一,把"活跃用户"等同于"登录用户"或"App 打开用户",也无可非议。

从表面上看,口径对产品数据的意义似乎更大,有时甚至完全可以把时间粒度也列入口径中,与数据来源和计算规则一同定义,也许你和同事们一直是这样认为的。实际上,调整一个数据指标的口径,其数值也会随之变化,可用来反映产品各方面的运营情况;而口径不变,调整其时间粒度同样可以多方位评估产品。

---

[1] 口径原本是军事领域的名词,指枪或炮管的内直径,现已被广泛用于各行各业,用来表示对一个事物的看法或对一个问题的处理原则等抽象概念。

我们来看这样一个例子：现有产品 A 与产品 B，二者在同一领域互为竞品，已知二者活跃用户的口径相同，请观察表 2-1 中的数据并思考，两款产品中哪款产品对用户的影响力更大呢？

表 2-1 产品 A 与产品 B 活跃用户指标对比

数据指标	产品A	产品B
日活跃用户数	3,013,091	2,116,018
月活跃用户数	5,623,556	6,504,145

你可能会说产品 B，因为产品 B 的月活跃用户数比产品 A 多了近 100 万，说明产品 B 的用户总规模比产品 A 的大，也表明产品 B 有更广泛的市场覆盖率；但也有人会说，产品 A 的日活跃用户数比产品 B 的多了 42%，说明用户使用产品 A 更加频繁，用户对产品 A 较产品 B 有更强的依赖性。

这两种观点都有理有据，并且也都阐明了事实，然而结论却完全相反。这就是将相同的口径置于不同的时间粒度中，所体现出的不同的评估效果。因此，当我们再次讨论数据指标时，请区分时间粒度与口径，这不仅可以帮我们更好地理解产品与用户，而且便于我们观察同一口径在不同时间粒度下的表现。

 扫一扫

显然，数据指标的名字能帮我们理解指标的意义。怎样给指标起个好名字呢？扫一扫查看其中的学问。

2.2 值得思考的"终极问题"

通常说哲学有三大终极问题，分别是：

我是谁？

我从哪里来？

我将到哪里去？

实际上，经常与这三大终极问题打交道的未必只有哲学家，任何身份、任何职业的人都有机会这样提问，比如保安和产品经理（如图 2-2 所示）。

图 2-1 各种职业的"终极问题"

这种提问模式向我们提供了一种结构化的引导——无论是产品中已经建立的指标，还是未来将要建立的新指标，我们都可以思考并明确每个数据指标的这三个问题。

问题一，这个数据是什么？

首先需要我们清楚地知道数据指标的名称是什么，尽可能记住名称中的每一个字，因为产品中可能会存在两个名称非常相近，但含义差别巨大的指标。例如，互联网金融产品中有"日资金端增量"和"日资产端增量"两个指标，分别代表着完全不同的两种业务[1]，假设二者被弄混，相关的数据分析可谓"差之毫厘，谬以千里"。

其次我们还要关注指标的数值规模和显著的周期变化规律，对已经存在的核心指标做到熟知，对将要建立的指标做到预判。

 读一读

> 在笔者实习初期，业务导师要求笔者背诵产品的几个核心数据指标的大致数值和周期变化规律，比如日登录用户数、日活跃用户数分别约为 3 500 万、1 500 万，呈现的周期性规律如节假日水平高于周末水平约 45%等。通过熟知这些内容，笔者建立了初步的数据敏感度，在后续工作中能够随时判断数据是否有异常，以及产品各功能的健康状况。

问题二，这个数据是怎样得到的？

这一问题可以分为两层：第一层，指标中的数据是从哪里来的；第二层，指标的时间粒度与口径是怎样定义的。第二层内容我们已在上一节进行了较为详细的讨论，这里重点讨论第一层。

通常而言，产品的数据主要来自服务器端日志和客户端的数据上报，有的也会辅

---

[1] 简单地讲，资产端指借贷客户的借款金额，而资金端指投资客户的投资金额。

以用户研究，通过人工的方式进行收集。还有其他可能的来源吗？当然有。人工智能系统可以通过机器学习和爬虫来获得数据；对于硬件产品，数据也可以来自传感器。

一个数据指标可以只有单一的数据来源，也可以混合自多个不同的数据来源。

"日登录用户数"这个指标统计的是当天在产品中成功进行了身份验证的账号数，除纯本地产品[1]外，身份验证的过程与结果在服务器端均有记录，这些记录便是统计日登录用户数的单一来源。

再考虑"日活跃用户数"这个指标，假设用户要于统计时间内在功能 A、功能 B、功能 C 中发生至少 3 次主动操作才算活跃，那么计算日活跃用户数的原始数据至少是功能 A、功能 B、功能 C 这三个功能的操作记录。根据各功能的情况，操作记录可能来自服务器，也可能来自客户端。无论如何，这里的日活跃用户数必须依靠多个数据来源才可以得到。

如上文提到的，数据上报是目前最普遍的数据采集方式，有关内容我们将在第 10 问和第 18 问中探讨。

问题三，这个数据到哪里去了？

说数据到哪里去了是非常抽象的，我们可以将数据到哪里去了具体分解为"数据会在哪里呈现"，以及"数据被拿去做什么了"两个问题。

数据指标计算出来总是要给人看的。如果数据指标仅用于产品团队或者企业内部参考决策，那么数据指标最有可能会呈现在以下几个地方。

- 数据报表平台。
- 数据或战略性报告，如日报、周报、月报。
- 企业财报。

当然，决策人员也可能会选择把可观的数据公开给产品用户（包括潜在用户），或是竞争对手，用来向他们传达诸如"这个产品很出色，用它是明智的，还没有使用的话，你可要落伍了！"以及"我们的产品很强势，与我们竞争将是吃力不讨好的！"此类信息。与其说这是数据的呈现，倒不如说这是用数据为产品做宣传。以下是数据的几种常见用途，看看你都遇到过哪些。

- 媒体宣传。
- 解答疑问。来自用户、老板、股东及团队内部的各种评估性问题，数据

---

[1] 指那种不存在联网功能的产品，如 Windows 系统中的计算器、记事本应用程序，这种产品不需要与互联网上的服务器建立连接，也就不存在服务器端日志。

可以解答。
- **精准营销**。通过数据计算，定位具体用户的偏好，向其做个性化营销。
- **内容推荐**。这与精准营销类似，根据用户的个性化需求和场景，在产品中为用户呈现有针对性的内容。
- **产品决策**。将数据与行业现状、公司经营目标等结合，为接下来的产品发展方向制定计划。

至此，我们已经就如何深刻理解产品中的核心数据指标做了讨论。熟悉产品的数据指标，清楚知道如何回答每个指标的三个"终极问题"是产品经理数据修炼的基本功。

2.3 为数据指标分类

这一问的最后，我们来把那些常见的数据指标做一个分类汇总，必要时可做参考。不过，笔者并不建议你把这一节的内容当作行动指南，因为数据指标的通用性往往只是幻觉，产品的指标需要结合实际情况来设立，只要有效，你完全可以设立只在你的产品中存在的数据指标。

按照关注人或团队，我们将数据指标划分为三类。

- **运营数据**。这包括产品经理及整个产品、市场团队所关注的核心数据指标，这些指标关乎产品的整体形象——用户规模、影响力、收入能力、运营状况等。那些我们耳熟能详的指标大多属于这类。
- **质量数据**。主要由质量团队或质量管理人员负责关注的数据指标，通过这些指标可以观察到产品的稳定性、用户设备兼容性、用户请求的响应成功率等，还可以评估产品版本的质量等级。
- **技术数据**。主要由开发团队和运维团队负责关注的数据指标，多为实时性指标，用于安全防范（如网络攻击、安全漏洞）、监控潜在的网络故障和服务器负载状况等。技术数据往往是运营数据与质量数据的原始形态，例如运营数据指标"日登录用户数"可以通过技术数据指标"日请求连接量"结合用户操作日志计算而得。

表 2-2 对上述各分类的常用指标进行了汇总。

表 2-2 常用数据指标及其分类

分类	应用目标	常用指标
运营数据	规模评估	累积注册用户数（ARU，Accumulative Registered Users） 累积登录用户数（ALU，Accumulative Logged-in Users） 日登录用户数（DLU，Daily Logged-in Users） 月登录用户数（MLU，Monthly Logged-in Users） 日活跃用户数（DAU，Daily Active Users）/活跃率 月活跃用户数（MAU）/活跃率 日最高同时在线用户数（日PCU，Peak Concurrent Users）
	用户留存	日新增用户数（DNU，Daily New Users） 次日留存用户数/留存率 7日留存用户数/留存率 周回流用户数/回流率 月回流用户数/回流率
	用户行为	日访问量/日操作量（日PV，Page View） 日用户数（日UV，Unique Visitor） 单次访问时长 日平均在线时长（DAOT，Daily Average Online Time）
	付费评估	日付费用户数 累积付费用户数 平均每用户收入（ARPU，Average Revenue Per User） 平均每位付费用户收入（ARPPU，Average Revenue Per Payment User） 人均生命周期价值（人均LTV，Life Time Value）
质量数据	性能评估	Crash率（闪退率） 联网失败率
	体验评估	联网成功耗时 启动时长 页面切换时长
	消耗评估	日人均流量消耗量 日人均电量消耗
技术数据	网络负载	并发连接数 请求发起量 请求响应量
	服务器性能	服务器CPU负载率 数据库增量
	安全防护	DDoS防护流量 安全策略命中量

续表

分类	应用目标	常用指标
技术数据	故障评估	告警事件日志量 平均无故障时间（MTBF，Mean Time Between Failure） 平均故障修复时间（MTTR，Mean Time To Repair）

 扫一扫

想一想，表 2-2 这些数据指标的口径和具体用途是什么呢？
扫一扫查看笔者的总结。

第 3 问　产品中有那么多功能，怎样摸清它们的脉络？

在用数据重新定义产品的微观洞察中，我们讨论到要充分体验每个核心功能，清楚功能的到达路径、入口分布和跳转逻辑等，也就是各功能的脉络。如果产品的功能和逻辑错综复杂，那么怎样做才能快速厘清呢？

3.1　画一张属于自己的产品地图

抽象地看，一款产品是若干功能的组合体，而用户使用产品就是与各个功能的互动。产品在策划时，大致也是先建立产品大框架，再从框架下构建各个功能，最后实现整个产品。

按照这个思路，我们不妨在纸上对现成的产品来一次大构建——画一张产品地图，描述产品各功能的构成。根据我们对产品的理解绘制并随时修正这张地图，用以指导我们的工作，它可谓是"属于自己"的产品地图。

第一步，将产品的各个功能罗列在地图上，如图 3-1 所示。每一个功能可以画成一个独立的方框，并按照功能的层级关系将表示功能的方框用带箭头的线进行连接（箭头指向下级功能）。例如，通过功能 A 可到达功能 B 和功能 C，那就分别在功能 A 到功能 B、功能 A 到功能 C 之间画一条带箭头的线。

第 3 问　产品中有那么多功能，怎样摸清它们的脉络？

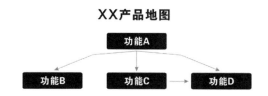

图 3-1　绘制产品地图第一步，罗列功能并标注层级关系

有的功能会有多个入口，那么表示这个功能的方框就会被多个箭头连线所指向。

通过第一步的绘图，我们能够很容易地看到产品的功能结构。通常，产品的功能结构主要有三种，如图 3-2 所示。

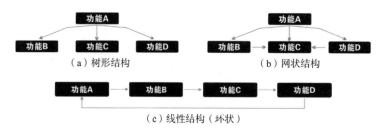

图 3-2　三种常见的产品功能结构

- **树形结构**。产品的首页作为整个产品的"根功能"，其他所有的功能均通过唯一的入口到达（即有唯一的上层功能）。这样的产品功能层次清晰，增加新功能或删除旧功能不会影响其他功能的关系结构。
- **网状结构**。在树状结构的基础上，产品中存在有多个入口的功能，这些功能打破了树状结构中功能有唯一的上层功能的限制，使得产品场景的切换、功能之间的跳转更加灵活。
- **线性结构**。所有的功能一字排开，每个功能均有唯一的入口（首功能除外）和唯一的出口（尾功能除外）。这种功能结构的产品也可以称为向导式产品，多见于视频编辑软件、修图 App 等有明确操作步骤的产品。在有的产品中，通过尾功能可跳回首功能，方便用户进行新一轮的操作，这样在产品地图上就出现了一条由尾功能连向首功能的连线，使得产品结构呈环状。

第二步，在功能方框和箭头连线上标注关键数据，如图 3-3 所示。在方框上可以标注这个功能的日活跃用户、关键操作的日 UV 或日 PV，而在连线上可以标注这条路径的日均转化量（如在功能 A 到功能 B 的连线上标注通过功能 A 进入功能 B 的日均用户数）。

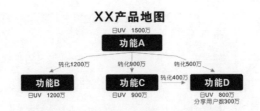

图 3-3　绘制产品地图第二步，进行数据标注

经过这一步，产品地图上就多了很多数据元素，这可以帮助我们看清楚每个功能当前的用户分布，进而了解每个功能对产品的重要程度。

为了应对数据波动，接下来的一步是给这些数据值上个"保险"。

第三步，在功能方框上记录每个功能对应的数据资源，如图 3-4 所示。数据平台的报表、定期的数据报告、数据负责人都可以作为功能的数据资源。通过这些数据资源可以随时获取关于每个功能的各项最新数据。

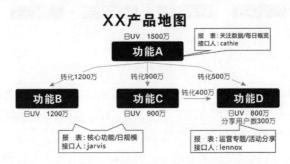

图 3-4　绘制产品地图第三步，记录数据资源

经过上述三步的绘制，当这样一张产品地图摆在我们面前时，一切有关产品和数据的工作，都可以由此寻找切入点了。

另外，产品地图上为每个功能标注的数据规模和数据资源的多少也可用来评估功能的重要程度。将评估的重要程度与团队决策者对各功能的关注度进行对比，如果吻合，则说明当前的数据工作安排得比较合理，否则，就要考虑调整数据工作的安排，将数据资源优先向关注度高的功能倾斜。

一幅完整的产品地图除有功能关系和数据标注外，还应关注同一功能的不同状态，这些功能会在不同设定下有着差异化的体验。体验不同，数据上往往也会有不同的表现。在产品地图上对这些功能进行特殊标注，并分别标明各状态下的关键数据，有助于我们在参照产品地图时思考得更全面。接下来，我们探讨三个典型案例。

3.2 已登录 or 未登录

你的产品要求用户注册并登录吗？诸如微信、QQ、支付宝这类需要根据用户身份来提供对应服务的产品，用户的注册与登录是必须的，用户不登录就无法使用产品的任何功能；而像腾讯视频、淘宝、百度地图这种存在部分功能允许用户匿名使用的产品，用户的注册与登录则是建议性的，只要用户不使用提供个性化内容的功能，完全可以忽略登录。

如果你的产品属于后者，那么在产品的数据中就会存在"登录态"的概念。所谓登录态，就是用户当前的登录状态。如果用户未登录，就是"无登录态"；相应地，如果用户已成功登录，就是"有登录态"，数据中会附带用户的身份标识（如用户 ID）。

产品中同一个功能或页面，在不同的登录态下可能会有不同的体验，有的功能甚至会在无登录态下完全不可用。腾讯视频 App 的个人中心功能，如图 3-5 所示。

（a）无登录态

（b）有登录态

图 3-5　腾讯视频 App 的个人中心功能

3.3 好友 or 陌生人

社交类产品通常会设计一个向用户展示另一个用户基本资料的功能（可称之为"资料卡"）。出于保护用户隐私的考虑，当用户 A 查看用户 B 的资料时，应当根据二者的关系适当调整展示的内容和可进行的操作。

例如 QQ 中，查看用户的资料卡，在对方分别是好友（如图 3-6（a）所示）、群里的非好友（如图 3-6（b）所示）、陌生人（如图 3-6（c）所示）时呈现的资料项，以及底部的操作入口均有不同。

（a）对方是好友　　　　（b）对方是群里的非好友　　　　（c）对方是陌生人

图 3-6　QQ 用户的资料卡

3.4　流量 or Wi-Fi 联网

对于需要联网的 App 而言，联网方式的设定是需要关注的，特别是当产品的某个功能对网络环境有较高要求时，在不同的联网方式下呈现不同的交互，也是提升用户体验的有效措施。

例如腾讯视频 App，用户使用数据流量尝试播放视频时会在进入播放页面后给出如图 3-7 所示的提醒，以提醒用户注意流量的消耗。

图 3-7　腾讯视频 App 流量联网提醒

第 4 问　了解产品用户，应选择用户画像还是用户特征？

产品做出来终归是要面向用户的，用户也是产生产品数据的根本动力。提到用户，就避免不了讨论用户画像和用户特征的概念，二者都可以用来描述用户，那么应怎样选择和运用呢？

4.1 用户画像 vs 用户特征

用户画像的英文是 Persona，而用户特征的英文是 User Profile，它们都用于对用户的描述，有时二者都会被称为"用户画像"，但我们应尽量在名称上区分它们，因为它们的定义、用途和构建过程均有差别。

用户画像

用户画像是我们根据对目标用户的主观认知刻画的一个**虚拟**人物角色，多出现于产品或功能的策划阶段。我们可以站在这个角色的立场思考用户需求、策划产品，以保持对产品目标用户的清楚认知，避免产品设计偏离用户需求。

用户画像角色具备一个现实人物的所有特征（如图 4-1（a）所示），包括姓名、性别、年龄、职业、城市、住址、长相、兴趣爱好、各种习惯与偏好、婚姻状况、家庭情况、收入情况等。这个角色可以基于真实人物构建，但不必与真实人物的特征完全一致。

为了明确产品的目标用户、保持团队成员认知的一致性，一款产品通常**只构建一个用户画像**。大型综合性产品虽然会构建多个用户画像，但主要画像只能有一个，其他均为辅助画像。

读一读

> Persona 一词原指一个人向他人展示或被他人感知的性格与特征[1]，或多或少有人格面具的意味。1998年，Alan Cooper 在其著作 *The Inmates Are Running the Asylum* 中首次引入 Persona 一词来表述用户研究的一种方法论，并尝试通过研究和以讲故事的方式建立 User Persona。这便是用户画像的起源。

用户特征

从已上线的产品中选取一名**真实**的用户，利用已有数据对她/他进行的各种客观描述就是用户特征。通过用户特征，我们能够清楚地了解产品中用户的情况，收集用户反馈、挖掘用户需求，帮助我们迭代产品，开展差异化运营。

构建用户特征的数据既可以来自产品内部，也可以来自产品外部。前者即用户在使用产品过程中沉淀的数据，后者则包括调查问卷、用户访谈、社区互动等途径。

我们既可以观察单个用户的特征，也可以观察一组用户甚至全体用户的特征。单个用户时，用户特征的焦点在于详尽和差异化，描述形式上与用户画像非常相近；多个用户时，我们更关注这些用户的群体特征，以及各种基础特征的分布（如图 4-1（b）所示）。

（a）产品策划时构建的用户画像　　（b）产品上线后对用户特征分布的观察

图 4-1　用户画像与用户特征

用户画像与用户特征相结合，可以推动产品决策。在产品上线运营一段时间后，把用户特征与策划阶段的用户画像做对比，看看是否存在差异。如果差异不大，则说明产品的实际用户定位与预想的基本一致；否则就要思考并寻找是什么因素导致了差异，以决定是让产品接受实际的用户定位，还是调整产品策略以使产品向预想的用户靠拢。

---

[1] 取自牛津词典，原文为 The aspect of someone's character that is presented to or perceived by others。

4.2 关注不发声的大多数用户

> 产品在初期规划时已经做足了用户调研,不仅使用各种定性研究的手段与典型目标用户做了面对面的深入采访,还利用调查问卷定量研究了更广的人群,过程和方法也非常严谨、科学。可为什么产品上线后用数据分析得到的用户特征与初期用户调研的用户特征相去甚远呢?

也许你也曾有过上述疑问,这多半说明你掉进了"大多数不发声"的陷阱,也就是产品中超过50%甚至更多的实际用户并不属于初期调研的典型用户人群。

比如在讨论与房价涨跌有关的热文中,我们看到绝大多数人的评论都是诸如"不喜欢房地产涨价""对房地产降价叫好"此类的,这会令我们很容易得出一个结论——民众普遍不希望房地产涨价,主要原因是这样会更加买不起房。可稍做思考就能发现问题——我们周围有房的人似乎也不少,如果房地产涨价,他们的资产就会增值。如果有房的人比例不小并且喜欢房地产涨价,那么为何观察到的却是几乎所有人都不希望房地产涨价呢?原因就是有房的人并没有参与到这些发言中,我们看到的自然都是没有房的人(也包括出于某些因素要装作无房的人)所发表的言论。

当我们通过电话或实地调研了解用户的情况,实际得到的反馈很有可能只是小群体的想法。因此,一旦产品上线并积累了足够的数据时,一定要尽快用数据验证用户的情况,并配合再一次的用户研究,以免让我们的产品运营南辕北辙。

> **读一读**
>
> 诺尔·诺依曼[1]提出沉默的螺旋理论(The Spiral of Silence),该理论认为人们出于被孤立的恐惧,在看到一群人发表自己不赞同的观点时会选择沉默而不是发表自己的观点,而赞同观点的人则会踊跃加入并主动散播。随着赞同群体不断扩大,声势会越来越大,而另一方会越来越沉默,直至退出舆论的视野,由此形成"一方越强大越发声,另一方越弱势越沉默"的螺旋式发展过程。

4.3 警惕无效的用户特征

用户数据的不断积累,为我们研究产品和用户提供了极大的便利。不过,当供我们分析用户的数据维度越来越多时,我们必须能够结合产品的实际情况从中找出有效且恰当的特征,才能做出有效的用户数据分析;反之,无效的用户特征表面上会让我

---

[1] Elisabeth Noelle-Neumann(1916—2010),德国著名政治学家。她所提出的"沉默的螺旋"已成为政治学和大众传播学的经典理论模型,普遍应用于解释大众认知观点如何影响个体的思想和行为。

们觉得言之有理、数据确凿，实际却荒谬无比。

一种无效的用户特征常见于做用户群体划分时。有这样一个问题：如果要为一个用户寻找一个共同群体，应该取用户的哪些特征来做匹配呢？

如果你回答以地点、关系、行为相似度这些特征来匹配，那么请思考下面两个场景。

- 围坐在一张餐桌前一起进餐的一家人，他们都在操作手机。这个场景中的所有人符合地点相同、时间相同、关系亲近、行为相似（都在玩手机！）的特征，可是他们却在同一时间、同一地点，通过手机进入了不同的世界，实际关注的内容和交往对象也完全不一样，这样一群人可以定义为同一个群体吗？
- 每天乘坐同一条地铁线路上班的人，他们无论从时间上（起床时间、早餐时间、上班时间）还是空间上（出行的起点与终点，甚至在同一栋写字楼办公），都有极高的相似度，在你的产品中这又可以定义为同一个群体吗？

另一种对无效用户特征的执着发生在用户专项分析时。之所以用"执着"一词，是因为这个场景的每一项输出都以原始数据为依据，形式上不容置疑，也很容易让我们产生误解。

比如为了宣传产品，我们很容易想到在官方微博上发一份数据报，用鲜艳有趣的图文表达类似这样的内容："最爱使用××功能的用户来自北京、上海、深圳、杭州""狮子座、天蝎座、双子座的用户最爱使用××功能""××功能最受 95 后美女的青睐"。由于能够引发用户共鸣，这种数据报在自媒体渠道的传播效果通常比较理想。作为宣传资料，数据报所传达的信息无可厚非，可若我们自己也盲目接受数据报中的结论，那很可能会有问题。

- "最爱使用××功能的用户来自北京、上海、深圳、杭州"。这四个城市本身就聚集了更多的互联网用户，基本上任何一款互联网产品及其功能的用户都集中在这四个城市，一个城市的人口基数大并不表示这个城市的用户更爱使用某产品或功能。
- "狮子座、天蝎座、双子座的用户最爱使用××功能"。星座只是由用户的生日推导的，如果一个功能的用户基数很少，包括生日在内的用户特征所呈现的统计规律都有非常高的巧合性，无法用作参考；如果用户足够多，就要看看每种星座的用户数之间有多大的差距，如果任选两个星座的用户数相差不超过 10%，那就谈不上二者谁更显著。
- "××功能最受 95 后美女的青睐"。很可能产品全局 95 后女性用户的占比就有显著优势，如果是这样，那也只能说明功能所渗透的用户与产品全局一致，并不是这个功能特有的情况。

注意，上面提到的数据报的三项表述并非一定有问题，若在数据处理上有所思考和选择，也是可以得到可靠结论的。只不过这样的结论是否还具备自媒体中的群体传播效应需要另作考虑。

对产品核心用户的运营也是同理的。比如在一款互联网理财 App 中，投资较多的用户以中老年女性为主，这很有可能是巧合，或者是产品初期运营时的种子用户所具有的特征（如早期在街道、社区和广场进行了地推）。中年女性用户在自己的圈子里对产品口口相传，最后带来的新用户也主要是中年女性。但这并不是说让运营团队寻找尽可能多的中年女性加入产品，就一定能够进一步提升产品的投资总金额。

作为产品经理，我们通常都是将用户按群体进行分析，因此努力寻找恰当的用户特征，才能避免这些失之毫厘，谬以千里的情况发生。

4.4 识别用户反馈带来的伪需求

如果完全听发声用户的意见，那么微信的朋友圈早就变成微博或沦为低品质广告的重灾区了。

 读一读

自 2012 年微信推出朋友圈功能以来，时常有大量用户通过各种方式向微信产品团队反馈，想要增加朋友圈内容"一键转发"的功能（就像微博那样）。反应如此强烈，这应该是个急需解决的需求了吧？

然而，微信希望通过朋友圈打造一个纯粹的熟人社交和分享空间，用户进入朋友圈也是以关注发生在好友身上的真实事件、展示自己的真实经历为主，这也是朋友圈内容的"原创性"。基于这种原创性，一键转发别人朋友圈内容的意义并不存在。假设有了"一键转发"功能，我们通过朋友圈看到好友原创内容的概率就会越来越小，久而久之，朋友圈里还会有多少我们真正想关注的内容呢？

可见，无论是从功能定位看，还是从用户的实际需求出发，微信朋友圈都不应该有"一键转发"的功能，这可以算作一个伪需求。

那么，为什么有大量的用户强烈要求增加这个功能呢？仍然是因为不发声的用户总是大多数，而发出这种声音的用户多是从自己的需求和利益出发的。

 读一读

> 微信产品经理通过用户特征对提意见的用户进行分析，发现这些用户基本上是从事房产中介、金融销售、保险经纪、微商这类职业的。这就不难理解了，这些用户每天都要在朋友圈中推销自己的产品，而推销产品所使用的内容几乎都是从上级代理商或同行那里转发而来的。

假设微信提供了"一键转发"功能，那对于上文中的这些用户来讲大有裨益，而这些用户并非微信的核心用户（甚至不是微信的良性用户），这样做将使核心用户的体验和利益受损。

第5问 关于产品与数据，还有哪些值得注意的概念？

本单元我们讨论了如何训练数据思维来快速了解一款产品。相信你一定能够从中体会到严谨的求证态度——这是产品经理在数据工作中应具备的品质，也是专业性的体现。这一问我们较真地探讨几个细节的概念。

5.1 这些用词的区别在哪里

在工作中，我们常会混淆一些含义相似或普通话读音相同的词语，它们之间往往有不同的含义，需要我们多加辨析。

维度 vs 指标

维度和指标是数据的两组关键属性，这两个概念在数据分析中通常会一同出现。一般而言，**界定数据研究范围的属性称为维度，而度量数据规模或程度的属性称为指标**。

维度多以分析对象的特征呈现，有确定的选项或取值范围，如产品的功能或页面，用户的性别、省份、城市、教育程度、年龄段[1]、手机操作系统、使用的产品版本。

指标我们之前已经讨论过了，它表示为在指定时间粒度和口径下的具体数值（包括比值、百分数等），如日访问量、日活跃用户数、日付费转化率。在数据报表平台中，通常先确定维度的取值，再观察每一个指标的具体数值。

---

[1] 由于年龄本身的取值范围难以界定且存在不确定性，因此要把年龄加工成年龄段（如低于15岁、15～25岁、25～35岁、35～45岁、45岁以上，含首不含尾）或出生年代（如生于1960年以前、60后、70后、80后、90后、生于2000年以后），才能作为维度。

维度和指标具有联动性，同一个指标在不同的维度下会有不同的数值。比如观察对某个特定页面的"日访问用户数"这一指标，当维度限定为"使用 iPhone 的女性用户"时该指标的数值可能为 150 万，而当维度限定为"使用 Android 的男性用户"时指标的数值则可能为 240 万。

百分数 vs 百分点

这两个概念在统计学中有严格的定义。简单地说，百分数就是以百分号（%）结尾的数值形式，而百分点是指两个百分数就数值部分的差值关系。

百分数除了可以表示占比，也可以表示两个数值的一种比较关系，但二者在文字表述上略有差异：表示占比时，我们可以这样说"日活跃用户**占**日登录用户的 84%"，前者必须是后者的子集；而表示数值比较关系时，我们可以这样说"武汉商品房的平均单价**是**深圳商品房的 37.5%"或"深圳商品房的平均单价比武汉**高约** 166.7%"，这里只要前者与后者具备可比性即可。

两个百分数的比较通常不再用百分数表示，而是以百分点来描述。例如，产品昨日活跃用户率为 87.4%，前日活跃用户率为 74.6%，那么我们可以说"昨日活跃用户率较前日提高 12.8 个**百分点**"，而一般不说"昨日活跃用户率比前日活跃用户率提高约 17.2%"。百分点仅限于同一百分数指标在不同维度[1]下的比较，因此，如"女性用户占比较日转化率高 2.9 个百分点"的表述十分荒谬。

另外，如果两个百分数有成倍的差异，也可以用"百分数 A 是百分数 B 的多少倍"来表述。比如某功能转化率，本月是 78.3%，上月是 36.4%，那么我们既可以说"本月转化率比上月提升 41.9 个百分点"，也可以说"本月转化率是上月的约 2.15 倍"。

同比 vs 环比

同比与环比的概念多出现于周期性报告中，如月度数据报告、年度财报。二者均用于对比不同时期的同一数据指标。不同之处在于，同比比较的是本期与上一周期的同期数据，而环比比较的是本期数据与上一期数据（如图 5-1 所示）。

图 5-1　年度同比 vs 月度环比

---

[1] 在统计学中一般指时间维度，如本月相比上月某指标提升或降低了多少个百分点。

同比的意义在于可以排除周期效应对数据的影响,观察数据长期的增减变化,评估长期策略的影响;环比的意义在于观察数据近期的增减变化,评估短期策略的影响。对于不同的同比和环比的情况需要关注的事项,如图 5-2 所示。我们还需要结合实际的场景和产品的实际情况具体分析。

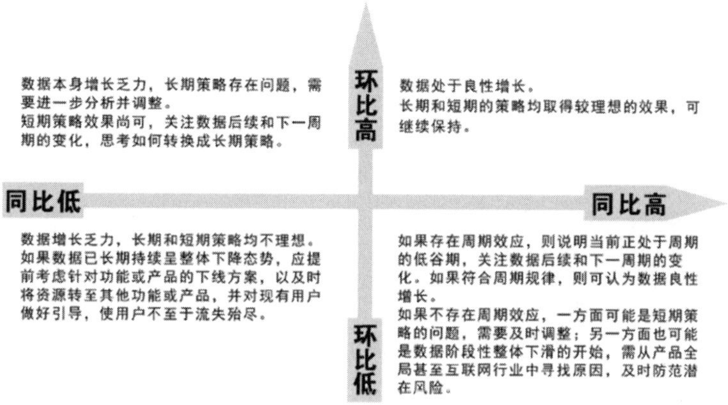

	环比高	
数据本身增长乏力,长期策略存在问题,需要进一步分析并调整。短期策略效果尚可,关注数据后续和下一周期的变化,思考如何转换成长期策略。		数据处于良性增长。长期和短期的策略均取得较理想的效果,可继续保持。
同比低		**同比高**
数据增长乏力,长期和短期策略均不理想。如果数据已长期持续呈整体下降态势,应提前考虑针对功能或产品的下线方案,以及时将资源转至其他功能或产品,并对现有用户做好引导,使用户不至于流失殆尽。		如果存在周期效应,则说明当前正处于周期的低谷期,关注数据后续和下一周期的变化。如果符合周期规律,则可以认为数据良性增长。如果不存在周期效应,一方面可能是短期策略的问题,需要及时调整;另一方面也可能是数据阶段性整体下滑的开始,需从产品全局甚至互联网行业中寻找原因,及时防范潜在风险。
	环比低	

图 5-2 同比与环比高低所表示的情况

累积 vs 累计

累积和累计都表示对多项数据的处理。累积关注的是多个数据被积聚的过程,在这个过程中有部分数据可能会由于种种原因被丢弃;而累计关注的是多个数据相加的计算结果。我们之所以说"年度**累积**登录用户数",是因为我们想强调这个数据是"积"出来的,而不是简单地相加计算而得的——数据的计算需要用一年内每一天的登录数据进行层层积聚,再从中剔除已存在的用户。而"文章分享次数月**累计**"则确实是多个数值简单相加而得的。

登录 vs 登陆

对于互联网产品而言,大多数语境下应使用"登录",因为它对应英文动词 Login,如用户登录、登录网站、登录邮箱,表示对用户身份的记录和验证。

而"登陆"表示由水中或空中登上陆地,对应英文动词 Land,可以是具象的(如军队登陆、台风登陆),也可以是抽象的(如产品登陆市场)。除了运营文案,"登陆"在互联网产品中很少出现,因此,请不要把"用户登录"错写成"用户登陆"。

表格 vs 表单

这两个概念在中文里都可以简称"表",如课程表、申请表。但二者在计算机领域，尤其是页面设计中，是完全不同的事物。

表格对应英文 Table，是指我们最常见的以行和列构造的格式统一、布局规范的二维表，是展示格式化信息的一种常用形式。一个表格可进一步划分为行（Row）、列（Column）、单元格（Cell），如图 5-3（a）所示。以一行来表示一组信息，以列来区分不同的信息项（或称属性），那么每一个单元格则表示一组信息在不同属性下的分量内容。我们常说的数据表、课程表、任务计划表通常指的是表格。

表单对应英文 Form，是指为收集信息所设立的一系列交互元素的组合，是向受众收集信息的一种常用手段。我们常说的申请表、订购表、调查表等就是指表单，而在互联网产品中我们几乎每时每刻都在与表单打交道——登录框、设置选项、用户注册、提交留言等都是表单。在 App 页面中，以文本输入框、复选框、单选框、选择列表、按钮等控件的组合来应对不同类型信息的收集。例如使用购物 App 下订单（如图 5-3（b）所示），用户需要在订单这份表单中通过各种控件提供对商品型号、数量的选择，以及选择或填写收件人信息。表单也可以设计成表格的形式（如某些纸质申请表），但这对表单而言并不是唯一的形式。

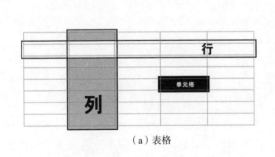

（a）表格　　　　　　　　　　　　（b）订单表单

图片来源：京东 App

图 5-3　表格与表单

5.2 保持名称的一致性

对数据指标和产品中术语的命名，在任何场景下均要保持一致，不要用多个名称指代同一个事物。保持名称的一致性主要体现在以下三个方面。

- **功能名称的一致**。例如对于产品中的会员用户，可以命名为 VIP、会员、高级用户、贵宾等，产品团队一旦决定使用某个名称，比如 VIP，那么在产品任何相关的文案中都应当叫 VIP，数据平台中关于此的统计也应当以 VIP 为关键词，不应当一会儿用 VIP，一会儿又用会员。
- **数据名称的一致**。例如统计进入某个功能的用户数量的指标，可以命名为访问用户量或打开用户量，但同样应当使用一个固定的名称来表示。同一个指标，在数据平台、报表、报告等的表述中都应统一名称。否则，名称的混用会使数据受众困惑——这两个是同一个指标吗？口径相同吗？为什么会有多个名称？
- **产品名称的一致**。一方面，对于自己负责的产品的名称，应在产品内、官方宣传渠道、品牌推广等场景中保持一致，尤其是含有英文或特殊符号的名称，大小写和符号的用法也需要关注。另一方面，当我们描述其他产品时，也应尊重并使用这些产品的标准名称，犹如在写信时要把对方姓名的每一个字都写对一样——这是礼貌。表 5-1 列举了几个常被写错的产品名称。

表 5-1　产品的标准名称与常见的错误写法

产品名称	错误的写法
iOS/iPhone/iPad	ios/iphone/ipad、Ios/Iphonc/Ipad
Photoshop	photoshop、PhotoShop、Photo Shop
Premiere	premiere、Premier
PowerPoint	powerpoint、Powerpoint、power point
QQ	qq、Qq
微信	微讯
MySQL	Mysql、MySql、My SQL

5.3 近似值和数值的位数

在数据报表和报告中表示一个较大或一个小数位数较多的数值时，通常不需要列出数值的全部数位，而是以四舍五入到某一位的近似值表示，例如：

产品日活跃用户数 5,264,811

这是一个精确数值,如果我们只需要了解数据的大致规模,通常取精确到千位或者万位的近似值就可以了,刚刚的例子可以写成:

产品日活跃用户数 526.5 万(精确到千位)
产品日活跃用户数 526 万(精确到万位)

注意,近似值应通过原始的精确值取得,而不应通过另一个近似值取得。比如上文中精确到万位的数值,如果用精确到千位的近似值 526.5 万四舍五入,就会得到 527 万(而不是 526 万),这就在无形当中增大了误差。

对于百分数而言也通常取近似值,例如,本月用户发消息总量为 145,748,101,上月用户发消息总量为 137,835,405,可得本月环比增长 5.74068469563%,这是一个无限小数,可以用近似值表示:

本月用户发消息总量环比增长 5.7%(精确到千分位)
本月用户发消息总量环比增长 6%(精确到百分位)

另一个关于近似值的问题是数值的位数,通常同一份数据报表的同一个指标的有效数字应保持一致,比如表 5-2 所示的数据。

表 5-2 每日用户访问数据报表

日期	日访问量(PV)	日访问用户数(UV)	人均访问次数(PV/UV)
2018-12-04	45,372	26,348	1.72
2018-12-05	46,401	27,295	1.70
2018-12-06	43,960	27,475	1.60

其中"人均访问次数"这一指标均精确到百分位。需要注意 12 月 5 日和 12 月 6 日这两天的数据:12 月 5 日的人均访问次数由 46,401÷27,295 得 1.699981…,四舍五入到百分位为 1.70,而不能写成"1.7",否则改变了指标的精确度;12 月 6 日的人均访问次数刚好是精确的 1.6,但这里出于统一位数和精确度的考虑同样要展示为"1.60"。

在不考虑误差的前提下,数值的位数也关系到数值的有效数字个数。一个数值从左起第一个非零位到末尾的所有数字均为有效数字,比如 0.0405 有 3 个有效数字,45% 有 2 个有效数字,526.5 万有 4 个有效数字(末尾的单位不计入有效数字),1.670×10^5 有 4 个有效数字(末尾的幂数不计入有效数字)。有效数字的个数会影响数值在客观和主观上的精确性,因此当我们规定数值的展示位数后,无论数值是多少,都应遵循这一规则，即便一个数值刚好等于91%，也应展示为"91.0%"可以向数据受众暗示，我的数据可以精确到千分位，而不只是百分位。

你已完成本单元的修炼！
扫一扫，为这段努力打个卡吧。

第二单元
数据支撑体系是如何运作的？

第 6 问　　人力：数据团队中有哪些幕后英雄？

第 7 问　　物力：数据产品是怎么来的？

第 8 问　　除了报表平台，数据产品还包括什么？

第 9 问　　数据上报前需要做哪些准备工作？

第 10 问　　埋点就是数据采集吗？

第 11 问　　数据上报到哪里去了？

第 12 问　　我们可以直接使用上报的数据吗？

第 13 问　　数据处理好了，我可以享用哪些服务？

第 14 问　　体验优良的数据产品有哪些表现？

第二单元脉络图

全彩清晰版见彩插

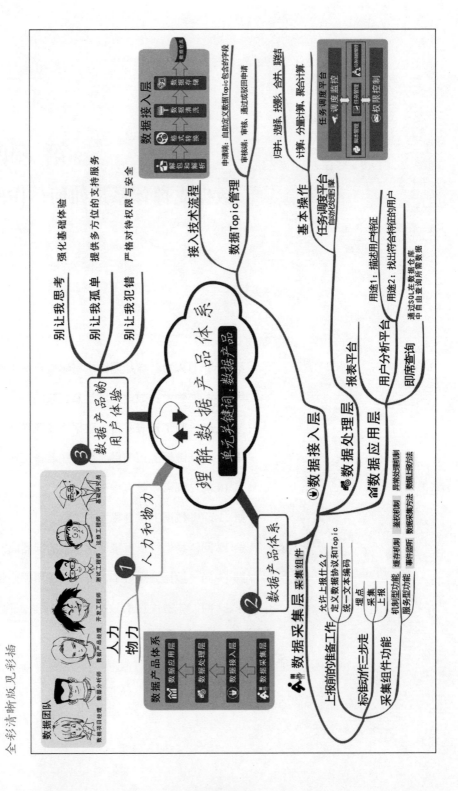

人力：数据团队中有哪些幕后英雄？

产品数据并不是收集起来就可以直接利用的，我们之所以能够方便地观察和分析这些数据，是因为这背后有一套完善的数据支撑体系。这套体系是如何建设与运作的呢？简单来讲，要运作这样一套体系，人力和物力是必不可少的。人力即数据团队——也许你从未感觉到他们的存在。那么，团队中有哪些幕后英雄（如图6-1所示）？他们又是怎样分工的？

为了便于讨论，在本单元中，我们将区分**用户产品**与**数据产品**的概念。QQ、微信等这些面向大众用户的产品可以称为用户产品；而数据支撑体系中的产品，如调度平台、报表平台称为数据产品，主要供公司内部使用。

图6-1 数据团队的幕后英雄

6.1 数据产品经理

数据产品经理是数据产品及数据化运营的主导人,对数据产品的结果负责。他们的主要职责包括:

- 对数据产品开展用户研究;
- 需求收集、分析与管理,撰写需求文档;
- 将需求转换为数据产品解决方案并推动开发实现;
- 运营和维护已实现的数据产品;
- 为用户产品提供数据化运营方案。

对于一个专业的数据团队而言,数据产品经理必须是专职的。

从职业发展的角度看,数据产品经理是产品经理的一个分支,他们具备产品经理的所有技能和素养,也践行产品经理的所有方法论。

6.2 数据分析师

数据团队中肯定少不了数据分析师,他们运用专业技能,负责对数据进行挖掘、处理和分析。他们的主要职责包括:

- 实施数据提取、挖掘、处理和分析;
- 围绕用户产品开展专题研究;
- 输出数据研究报告;
- 结合数据分析为用户产品和决策团队提供优化方案;
- 数据报表的开发和维护。

出于对专业技能的要求,数据分析师必须是专职的。

有时我们可能会把数据产品经理与数据分析师混为一谈,虽然二者有一部分技能重合,但是二者的差异更大——数据产品经理注重对数据方案和数据产品整体的把握,而数据分析师注重数据的挖掘、分析、提炼等专业探究。在早期,数据产品经理的大多数工作确实是由数据分析师承担的,然而,在互联网各规模企业纷纷进行大数据战略布局的当下,数据逐渐被以产品化的形态运作,数据产品经理角色应运而生,其重要性不言而明。

6.3 数据项目经理

数据项目经理即数据团队的项目经理，是协调团队资源、统筹和保障数据相关研发过程的角色。他们的主要职责包括：

- 结合需求组建项目组，实施项目管理和人力安排；
- 安排必要的会议，协调团队合作，促成有效沟通；
- 跟踪项目进度，确保目标准确、准时地完成；
- 制定研发流程和规范，并监督流程和规范的执行；
- 及时捕捉项目进程中的风险点，并实施规避策略；
- 发起项目总结，沉淀团队经验。

发展成熟或流程规范的团队应设立专职数据项目经理；处于初期的团队或工作节奏较缓的团队，可由数据产品经理兼任。

6.4 开发工程师

类比于用户产品的开发工程师，数据产品同样需要开发工程师担任数据技术架构的主导人，以及数据产品的实现者。他们的主要职责包括：

- 搭建数据技术架构；
- 参与数据产品需求评估，从技术维度进行可行性研究；
- 评估和制定数据技术方案；
- 实现数据产品需求，完成数据产品及其组件和功能的开发；
- 实施模块自测和产品单元测试，不断修正产品缺陷；
- 监控已上线的数据产品，并不断优化其性能。

同样出于对专业技能的要求，开发工程师必须是专职的。

6.5 测试工程师

测试工程师是数据产品质量的把控人与监督者。他们的主要职责包括：

- 搭建数据产品测试体系；
- 为用户产品提供数据测试工具；
- 设计和开发自动化测试工具；

- 评估和制定数据测试方案；
- 实施数据产品的基础质量管理；
- 对数据产品开发的阶段性成果实施集成测试和系统测试；
- 对更新的数据产品模块或功能实施回归测试；
- 发现并报告数据异常和数据产品缺陷。

发展成熟或流程规范的团队应聘请专职测试工程师。在数据产品体系尚不复杂的情况下，可由其他团队的测试工程师兼任，不可由开发工程师兼任。

6.6 运维工程师

运维工程师是数据产品体系基础资源和安全策略的负责人。他们的主要职责包括：

- 搭建维持数据产品体系运作的基础设备环境，如服务器和网络；
- 保障基础设备的稳定运作；
- 评估和监控数据产品的运作性能；
- 设计和开发自动化运维工具；
- 制定并实施安全策略，保障数据的安全。

数据产品的运维工作可交由公司运维团队统一负责。如数据团队及数据技术架构相对独立，应安排专职的数据运维工程师。其中，有关数据安全的内容，视团队和公司对数据安全的要求程度，可另设专门的数据安全工程师角色，或者独立的数据安全团队。

6.7 基础研究员

用户产品需要有用户研究员和行业调查员全方位挖掘用户的需求、研究行业前沿动态，以为产品的未来发展指明方向。数据和数据产品则需要配置基础研究员，作为数据前沿领域的探索人和研究者。他们的主要职责包括：

- 研究和探索数据前沿科学和技术；
- 研究和设计新型算法，进一步开发数据的价值；
- 实施高级数据分析，预测行业发展趋势；
- 结合科学实验，为产品探索深层次的发展方向。

基础研究员对专业度有极高要求，通常由数据领域的博士、专家或学者担任。对于规模较大的公司和数据团队，应安排专职的基础研究员。这样一方面有助于打破产品发展的传统瓶颈，另一方面能够推动整个互联网行业的发展。对于规模较小或处于初期的团队而言，可暂不设立此角色。

每种角色的人数要根据业务情况按需分配。按照敏捷开发[1]的思路，以项目组为单位，组织需求的实现与产品的迭代，每个项目组在 10 人以内，其中开发和测试工程师通常为 3~5 人。

---

[1] 一种软件开发实践模式，区别于传统的瀑布式开发。敏捷开发倾向于将大项目拆分为多个小项目，小团队运作、高效率执行，追求"拥抱变化、小步前进、快速迭代"。敏捷开发为包括 Google、Facebook、腾讯等在内的国内外众多知名互联网公司和软件企业所采用。

第 7 问 物力：数据产品是怎么来的？

数据支撑体系的另一大要素——物力，即数据产品及其构成的体系。我们知道，用户产品诞生自用户需求，那么这些数据产品又是怎样诞生的呢？

7.1 是的，依然来自需求

或许你会认为：数据产品的形态相对固定，似乎拿任意一套成熟的数据产品来套用，都能为用户产品提供效果不错的数据分析，无非就是应对不同的数据需求，做几张不同的数据报表嘛！

有这种想法并不奇怪，因为这很可能说明你加入了一个数据产品体系完善的团队，而你平时接触最多的数据产品就是报表平台。不过，这种想法却把因果关系搞颠倒了。并不是因为数据产品形态固定使得数据产品可以适用于任何产品，而是因为数据产品经过与用户产品的长期磨合，才逐步发展成如今你所看到的具有稳健体系的形态。

我们通过三个简单的案例来感受一下数据产品被随便套用所产生的滑稽之处。

- 用社交产品的数据门户监测视频直播产品。

    社交产品非常关注用户的规模，在运营的过程中，通常以日为单位观察和分析数据。而视频直播产品关注的是在每一场直播进行的过程中用户的实时行为。如果把社交产品的数据门户直接挪到视频直播产品身上会发现，为了观察参与用户规模，不得不等到第二天数据齐全后再进行统计，这就错过了观察用户实时行为的时机。

- 用购物产品的数据指标衡量一款理财产品。

    哪些数据指标适合用来评估一款购物产品呢？日活跃用户数、商品页面日访问量、日订单成交量等，这些指标反映出这样一种运营思路：提升活跃用户量，提高用户购物的频次，促成更多的订单交易。这种思路对购物产品通常是合适的，可如果把这种思路强加到一款理财产品上，通过提升同样的指标，还能达到良性的运营效果吗？也许提升用户活跃度是没有问题的，而比这个更重要的是用户在投总金额——试想，有10名用户一共在投1亿元人民币（大户为主），与有1万名用户一共在投1千万元人民币（散户居多），哪种会让运营团队更兴奋呢？运营思路的不同往往会给数据产品带来差异。

- 数据团队提供的开发包让我怎么用？

    对于大多数手机App产品而言，数据上报组件只要提供适用于iOS和Android的两套开发包就可以了。不过，游戏开发者们可能就会抗议了："这些开发包我们没法用啊！"为什么会这样？也许是因为这款游戏是用Unity引擎[1]开发的。

那么，数据团队努力打造一套功能非常全、性能非常好、可以应对绝大多数场景的数据产品，总可以把体系确定下来了吧？

如果是云平台，这个思路是值得提倡的——毕竟产品的用户广泛、功能太少总会在与竞品的较量中显得逊色。否则，这样做就难免劳民伤财了——消耗了太多团队资源在使用频率非常低或根本用不到的数据产品和功能上。

这样一来，从需求出发打造数据产品的重要性就不言而喻了。

7.2 不一样的需求过程

对于互联网产品而言，做需求通常要经历需求收集、需求分析、需求实现、需求管理等过程。数据产品的需求也基本遵循这个过程，同时，又存在与众不同之处。

需求收集来源更丰富

这听起来匪夷所思，数据产品主要面向公司内部的同事，为何反而会比用户产品

---

[1] Unity是一个基于.NET和Mono框架的跨平台游戏引擎，不依赖于具体的客户端平台，因此不便于直接使用iOS或Android的开发包。这种情况需要数据产品团队提供一套针对Unity的数据上报组件。

的需求来源更加丰富呢？

在解释这个问题前，我们先来回顾一下用户产品的主要需求来源。

- **用户**。这是需求的根本来源。
- **战略布局**。根据对市场行情的判断结合发展规划所产生的需求，通常由管理者或具有高层次视野的人传达这些需求，比如 iPhone 手机的设计需求。
- **社会责任**。比较罕见，通常是用户规模或影响力大、有担当的产品，出于主动承担社会责任而考虑的需求，比如 QQ 发起的寻找走失儿童的"QQ 全城助力"活动，如图 7-1 所示。

图 7-1　QQ 全城助力

社会责任在数据产品中并非主流需求，但用户和战略布局依然是用户产品需求的主要来源。

数据产品的用户有两类，一类是**数据产品本身的用户**，也就是公司内部成员；另一类是**用户产品的用户**。

除此之外，数据产品还有一个非常大的需求来源，那就是用户产品本身（注意，不是用户产品的用户）。比如上一节我们列举的张冠李戴的例子，就说明了用户产品的不同所带来的对数据产品需求的差异。

图 7-2 总结了数据产品需求的主要来源，并描绘了各来源需求量的大致比例。

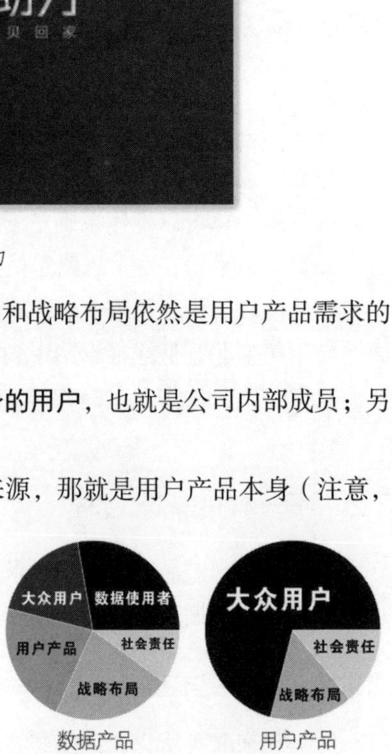

图 7-2　数据产品需求的主要来源

需求分析思路更泛化

在用户产品中，我们提倡一个功能解决一种需求。例如，面对用户希望能与一位好友单独聊天，也能与多位好友一起聊天的需求，QQ确立了单人聊天、群聊两个需求场景并实现了对应的功能，抛弃了互联网早期网络聊天室形态的功能设计。虽然后者可以兼顾单人私聊与多人群聊，但是用户体验不佳，也会给产品迭代徒增成本。

而在数据产品中，用一套逻辑满足多个需求更为常见。比如，昨天负责运营的同事刚提出要分析产品活跃用户地域分布的需求，今天负责市场的同事又说要看产品付费规模与用户年龄分布，可能明天领导又要求评估某个特定人群的付费转化能力。倘若要针对这三个需求设计三个不同的数据报表（或数据产品的功能），长此以往，数据团队人力再多也难以应对。

由于数据产品需求的产生比用户产品需求的产生更加频繁且琐碎，以及数据具有很强的时效性，不可能每个需求都以独立的数据产品功能来实现。这就需要采取**泛化**的思路进行需求分析和设计数据产品。

再来看上文提到的三个需求：活跃用户地域分布、付费规模与用户年龄分布、某个特定人群的付费转化能力，经过初步泛化分析，可以将这三个需求归为两个需求场景。

- 活跃用户与用户属性的关联分析（第一个需求）。
- 用户付费行为与用户属性的关联分析（第二、三个需求）。

而无论活跃用户还是付费用户，都可以认为是条件不同的用户群体，那么再泛化一步，就只剩一个需求场景了——指定用户群体与用户属性的关联分析。

这样就利用泛化的思路，将原本的三个需求整合为一个需求场景，进而可以规划相应的数据产品功能。功能上线后，再遇到符合这一逻辑的需求就都可以轻松满足了。需求分析的具化思路与泛化思路，如图7-3所示。

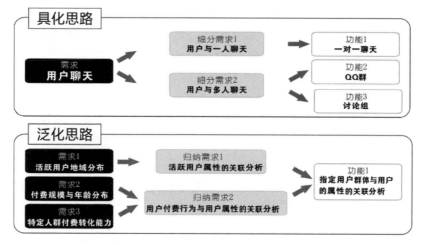

图7-3 需求分析的具化思路与泛化思路

需求实现首先要思考"终极问题"

一般而言,通过需求分析去掉那些不具有实现价值的需求后,就可以着手需求地实现了。在数据产品中,这些事情同样要做,不过往往不必着急去做,需要先考虑清楚以下三个问题。

- 问题一,需要哪些数据?实现需求往往需要不止一个数据。
- 问题二,这些数据是从哪里来的?弄清楚每一个数据的来源,并确保这些数据已经到位,尤其是需要从合作部门或其他公司那里获取的数据。
- 问题三,这些数据要到哪里去?即思考需求的实现方式和数据的呈现形式,例如,做成报表还是做成订阅邮件?数据是按日更新还是按月更新?对其他数据指标及数据产品是否会产生影响?

细心的你已经发现,这三个问题就是我们在第 2.2 节中提到的"终极问题",只不过数据产品经理不仅要了解与思考,还要推动它的执行过程。

7.3 同样存在伪需求

由于数据产品的大多数需求是由朝夕相处的同事或领导提出的,这就使得需求的获得和沟通相对容易很多。几乎可以随时找需求方探讨各类细节问题;再加上需求方与我们有着共同的职业语言,沟通效率也会非常高。

然而,事情进展得过于顺利就要格外小心了,因为往往有一些隐藏的问题可能被我们忽视了。如果你曾做过用户访谈,那么可能遇到过对互联网技术有一定了解的用户[1],她/他会把话题引到产品实现的细节上,并侃侃而谈,很容易误导你对真实需求的挖掘与判断,这就是所谓的被用户"带到坑里去了"。至于数据产品,由于同事、领导对产品和数据的理解可能并不亚于数据产品经理,因此那种"被需求方带到坑里"的情况就更容易发生,且悄无声息,如果按照需求方的描述直接进行需求实现,恐怕离数据产品万劫不复的那一刻就不远了。

也就是说,数据产品同样会面临伪需求、重复需求或没有价值的需求等问题。

已经实现的重复需求

这样的需求主要来自不同视角下对同一事物的不同理解。比如,用户产品中有一个"签到"功能,若要观察每天有多少用户签到,从技术的角度看是统计签到按钮的

---

[1] 根据用户研究的"同行回避"原则,除非限于产品性质,否则通常不应当选择互联网的同行用户作为定性分析的对象或定量研究的样本。但难以排除非同行用户对互联网行业细节的了解。

单击用户数；从产品运营的角度看可能是统计活跃用户数[1]；从市场的角度看就成了统计可转化为付费用户的上限。如果数据产品中已经对用户签到行为的数据做了展示，那么换一种描述提交来的需求就是一个重复的需求了。

不合理的维度或指标

　　产品运营提出要评估一个运营活动的效果，除整体外，还要按地域、性别、用户使用的手机机型分别评估。在分析这个需求的时候，数据产品经理需要大致了解一下这个运营活动的情况，比如背景、主题、形式、影响人群、预期效果。如果活动是面向全体用户的，并没有针对特定地域或性别的用户采取特别的运营手段，那么按地域和性别分析的合理性就存疑了。进一步看，手机机型恐怕也不是一个合理的维度：一是机型繁多，以此为维度通常分析不出有针对性的结论；二是不同的主流机型对参与运营活动不存在本质的差异。如果是为了观察手机平台的差异，那么改用手机平台（iOS、Android 等）作为维度更合理。

一定要导出 Excel 文件吗？

　　数据导出为 Excel 文件似乎是一个非常普遍的需求，但也不代表这是合理且必要的。一种情况是报表中所呈现的数据不便于导出，比如数据量特别大[2]，或者是含有不便于传播的敏感信息；另一种情况是需求方要在导出的 Excel 文件的基础上做进一步的、较复杂的数据处理，这种情况说明需求方提的需求并不完备，数据产品经理应考虑协助需求方进一步完善需求，将尽可能多的数据处理过程放在数据产品中实现，而不是先导出 Excel 文档再手动处理。

真的需要实时更新吗？

　　市场同事在进行了一轮广告投放后，提出实时监测广告转化效果的需求。实际上，市场同事真正关心的是一天当中不同时段的转化效果——哪些时段转化效果最好？哪些时段不适宜转化？——实时数据由于时间粒度过小，并不适合按天做观察，且实时数据的实现成本相对较高。这种情况使用按天统计的数据足以满足需求。因此，当需求方在描述需求中提到类似"实时"或者"很急"的字眼时，数据产品经理一定要保持冷静，分析出真实的需求之后再采取行动。

---

[1] 假设以进行过签到来定义活跃用户，现实中有不少产品是这样定义的。
[2] Excel 2016 中一张工作表的最大行数和列数分别为 1,048,576 和 16,384。除此之外，打开数据量过多的 Excel 文件将大量消耗计算机的系统资源，使计算机处于卡顿状态，导致计算机上大多数工作都无法正常进行。

扫一扫

你知道吗？数据产品的需求文档经常是用 Excel 写的。扫一扫查看用 Excel 写需求文档的好处。

第 8 问　除了报表平台，数据产品还包括什么？

对于数据产品，我们接触得最多的就是报表平台了，这也解释了数据团队为什么经常会被误认为是报表平台的产品团队。通过前两问的讨论，我们知道数据产品构成的体系远没有这么简单，那么这个体系下究竟有些什么呢？

8.1　先给数据产品分个层次

虽然数据产品中最常见的需求多以数据报表、数据分析工具为最终产品形态，然而这只是数据产品这座冰山的一角。实际上，从数据的产生、采集到存储、处理，再到最终的应用，每一个环节都少不了数据产品的参与，而数据产品的形态却千差万别。

由于数据产品形态繁多，不同的数据产品需要负责不同的环节，且数据产品之间通常也是紧密相连的，因此有必要为数据产品建立分层次的体系观念。体系不仅可以帮助数据产品经理清楚理解各产品之间的关联，还能够将数据产品的需求进行归类，便于数据团队依据数据生命周期进行需求管理。

在这里我们讨论数据产品体系的一种层次模型，该模型按照数据生命周期将数据产品划分成四个层次：数据采集层、数据接入层、数据处理层、数据应用层，如图 8-1 所示。

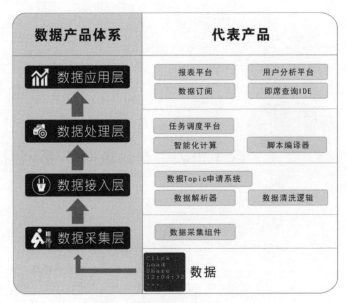

图 8-1　数据产品体系的层次模型

8.2　数据采集层

数据采集层服务于数据的产生，将各数据源产生的数据在第一时间进行收集，并主动传递给数据接入层。

由于数据采集层将直接面对即时产生的全量数据，故此层次通常只对数据按照数据接入层协议做最基本的打包处理，而不做进一步的处理，以保证前端产品的性能和数据的时效性。

数据采集层的产品形态以数据采集组件为主，我们在用户产品中做完埋点后，就由它负责捕捉数据并上报。数据采集组件主要面向开发者，用开发者的术语来说，这些组件包括：针对用户产品客户端的数据埋点工具、数据上报 SDK，以及为用户产品服务器端的数据接入 API。[1]

数据采集组件有个外号，名为"产品的坚强后盾"。这是因为数据采集层通常要与用户产品"形影不离"且"百依百顺"。数据采集组件之于用户产品，犹如摄像师之于出镜记者——用户产品的用户对数据采集层产品没有任何感知，但数据总是在源源不断地产生，又被默默采集。这也暗示着数据采集层产品具有以下体验原则。

---

[1] SDK，Software Development Kit，即软件开发工具包；API，Application Programming Interface，即应用程序编程接口。二者都可用于在不增加额外开发量的情况下扩展自己的软件功能。

- **适用于采集各种来源的数据**。无论是客户端 App、后台，还是 H5[1]，只要是具备数据生产能力的用户产品端均能够引入数据采集组件，进而将数据汇集到数据产品体系中，实现数据的处理、分析和利用。
- **提供充分的平台支持**。用户产品无论采用哪种目标平台，都有合适的数据上报组件用于对接或集成。这里我们用"充分的"一词来表明数据采集组件对目标平台的支持要恰到好处。既能覆盖用户产品的所有目标平台，也不至于为过多的平台提供支持和维护而无意义地消耗数据产品团队的资源。例如，对于手机 App 而言，提供适用于 Android 和 iOS 的数据采集组件通常就够了，除非 App 还有其他小众平台的版本。
- **不能影响用户产品的性能**。由于数据采集组件往往要集成到用户产品中，作为用户产品的一部分面向用户，因此数据采集组件的性能也会影响用户产品的性能。数据采集组件一旦发生故障，在用户看来就是用户产品本身出现了问题。因此，数据采集组件的性能至关重要。

我们将在第 10 问中继续讨论有关数据采集层的话题。

8.3 数据接入层

数据接入层服务于数据的接收与存储。一方面，数据接入层接收数据采集层发来的数据包，将其解包、解析为原始数据，并对原始数据做初步处理和存储；另一方面，数据接入层为数据处理层提供初步处理和存储后的数据。

数据接入层对数据的初步处理包括数据格式转换、数据清洗，而数据存储通常是按照事先定义的数据协议和数据 Topic 将数据存储在数据仓库中。这一层次以技术系统为主要支撑，有关数据协议、数据 Topic 定义和申请的系统是这一层次主要的数据产品。有关概念我们将在第 11 问中进一步讨论。

8.4 数据处理层

我们平时理解的"数据处理"似乎是说给出一系列原始且未经整理的数据，让我们用 Excel、SPSS 等软件对它们进行标注、整合、格式化、预备分析的处理过程。数据处理层所做的事情与此类似，不过，无论是数据量还是处理的任务量，对于数据处

---

[1] H5 是"以 HTML 5 为基础的 App 内嵌网页或微型网站"的俗称。H5 多见于产品运营活动页面，这些页面通常便于在社交平台上分享与传播。HTML 5 的全称为 Hyper Text Markup Language 5，即超文本标记语言第 5 版，是目前流行的网页开发技术之一。

理层而言都是巨大的，这就要求整个数据处理过程必须是自动化的。

数据处理层服务于数据的归并和计算。将数据接入层初步处理和存储的数据按照具体的数据需求场景做进一步的处理，包括数据的多维度解析、数据关联计算、数据格式化，以及存储各种数据处理所产生的中间数据，为数据的应用和挖掘做充分的准备。

另外，将数据按照约定的格式输出到数据库（简称"数据出库"或"数据接出"）也是数据处理层需要解决的问题，这将是构建数据应用层的重要基础。这一层次同样以技术系统为主要支撑，属于这一层次的数据产品有数据计算系统、数据任务调度平台、数据中间表等。

关于数据处理层的诸多问题，我们将在第 12 问中讨论。

8.5 数据应用层

数据应用层服务于数据的表示和利用，我们最熟悉的报表平台就处在这一层中。这一层提供丰富的数据产品，将数据处理层计算和深度加工过的数据以友好的形式面向数据受众或渗透于用户产品中，使更多人得以享受数据的成果。

按照数据被利用的方式，这一层次的数据产品可分为支撑型产品和表示型服务。支撑型产品包括数据门户、数据报表系统、用户分析系统、数据订阅平台、即席查询工具等；表示型服务主要是指渗透于用户产品中的数据功能，如精准内容推荐、用户偏好预判、数据报，以及 CRM[1]中的客户数据挖掘、客户行为分析功能。

数据应用层的产品我们将在第 13 问中集中介绍。

理论上，每个数据产品都属于唯一确定的层；但在实践中也存在跨层次的数据产品，比如向用户产品提供数据的 SDK 组件，可以既具备数据采集与上报的功能，又具备向用户产品提供数据展示的功能，这个 SDK 可以说既是数据采集层的产品，又是数据应用层的产品。这实际上是在技术层面把本属于两个数据产品的功能整合在一个数据产品中了，这通常是出于提高用户产品性能的考虑。

如果你对数据技术有所了解，也许会对上文的讨论有所疑问：为什么没有在任何层涉及 ETL[2]、MapReduce[3]等这些在数据领域非常经典的技术架构概念？

这是因为我们在此讨论的是数据产品体系，而非数据技术架构。数据产品体系的

---

[1] CRM 即 Customer Relationship Management，客户关系管理系统。
[2] ETL 是指 Extract Transform Load，即抽取—转换—加载，是数据由数据源抽取到数据清洗和转换的加工，最终加载到数据仓库供提取、分析的过程。这相当于是从技术层面对数据采集层和数据接入层的描述。
[3] MapReduce 即映射—归约模型，是目前处理和计算大数据的一种主流编程模型，它能够有效发挥分布式集群的并行计算优势。

建立离不开强大的数据技术架构，而后者需要专业的工程师来设计和搭建。从数据产品经理的角度看，必须对数据产品体系有非常清楚的认识，并且能够策划和建立这样的产品体系；至于数据技术相关的内容，在条件允许的情况下也应当掌握一些基本的数据操作技术。这样做的好处，一是可以促进团队内的有效沟通，二是能够提高自身能力的完备度。

怎样评估一款数据产品的优劣？扫一扫查看评估数据产品的FURME原则。

第 9 问 数据上报前需要做哪些准备工作?

如果你跟数据产品经理合作过就会知道,在埋点和采集前需要做很多准备工作,就如同我们在绘制产品原型前需要精心策划一样。这些准备工作的目标是让数据采集层与数据接入层达成共识,以使数据能够顺利进入数据产品体系,发挥价值。

9.1 准备一:允许上报什么样的数据

乍一看有些奇怪,难道不应当是无论什么样的数据都可以上报的吗?总体来讲,对任何数据都"来者不拒"无可厚非,特别是对于规模较小的团队;然而,若你所在的公司产品众多,又要共用一套数据产品,允许上报什么样的数据就成了不得不考虑的问题。通常而言,数据上报侧重于以下三方面的数据。

- 行为数据多于内容数据。

    例如,在社交 App 的用户一对一聊天功能中,可以上报聊天双方的用户标识、对话建立时间、双方各自发送消息的类型及数目等行为数据,而一般不上报聊天消息的具体内容这类内容数据。一方面聊天内容涉及用户隐私,属于敏感数据,一旦利用不当或不慎泄露,不仅影响用户产品的口碑,甚至会触及法律。

- 结构化数据而不是非结构化数据。

    每一组结构化数据都有特定的意义,并且这些数据均可以在后续的处理中按照统一的结构表示，例如可以将用户单击某个按钮的操作以结构化数据"单击时间—操作用户标识—页面名称—按钮名称"的形式上报。如果上报图片、文档这样的非结构化数据，则会给后续的数据过程引入很多不可控的因素。

> **读一读**
>
> **结构化数据**是指可以通过规范定义和统一的结构进行表示的数据。例如日期、时间、数字、标识性文本、有限选项；或者这些数据的结构化组合，例如通讯录数据，每一个通讯录数据项均可通过数字、文本、有限选项的组合来表示。结构化数据非常便于索引和聚类，可提高日后查询和利用的效率。
>
> **非结构化数据**是指无法规范化为统一结构的数据，这类数据通常无论是长度、内容的形式，还是处理规则都是不确定的。例如图像数据、音视频数据、二进制数据等。非结构化数据难以索引，只能先与其他结构化数据建立关联，再通过这些关联数据间接索引非结构化数据，例如对视频数据关联一个内容描述的文本型数据，通过这个文本来检索视频数据。
>
> 另外，介于结构化数据与非结构化数据之间还存在一种**半结构化数据**。半结构化数据虽然不能够像结构化数据那样直接定义其结构，但它通常把结构与内容混合在一起，具备自定义性和自描述性，例如 XML[1]、HTML 文档。

- 简单数据类型而非复合数据类型。

  所谓简单数据类型通常是指表 9-1 中所列举的数据类型，属于这些类型的数据形式简单、意义明确、取值确定、易于存储和处理。而复合数据类型虽然可以表示更加复杂的数据，但一般不用于数据上报。

表 9-1 用于数据上报的简单数据类型[2]

数据类型	数据特征	使用举例
日期与时间（Date-Time）	能够表示公历的年、月、日及时间的时、分、秒，对于精确度要求极高的数据还需要能够表示毫秒	- 可同时表示日期和时间，如 2018-12-04 02:28:07； - 也可只表示日期，如 2018-12-04； - 或者只表示时间，如 02:28:07； - 数据上报的时间、用户行为发生的时间、出生日期、定时提醒的时间等，都属于此类

---

[1] XML 即 eXtensible Markup Language，可扩展标记语言，允许通过各种标记和属性分层级定义和组织数据。XML 文档无论对人类还是对计算机程序都具有良好的可读性。

[2] 熟悉编程的读者可能会指出表 9-1 中的诸多问题，如名称不规范、定义不严谨、数据类型不全面等。实际上，我们在此并非讨论编程，这里列举的是从数据产品角度观察和定义的数据类型。理解数据类型在数据上报中的意义是我们在此讨论的主旨，而不是讲解一种具体的开发技术。

续表

数据类型	数据特征	使用举例
整数（Integer）	可以表示数学中的整数，包括正整数、0、负整数，以 1 为最小分度，可进行基本的数学运算	• 数据记录的个数、次数、用户数等可以直接表示为整数； • 有限选项的数据可通过整数定义每种取值。如在"性别"数据中约定以 0 表示未知、以 1 表示女性、以 2 表示男性、以 3 表示其他情况
实数（Real）/ 浮点数[1] （Float）	可以表示数学中的实数，包括小数、科学计数法形式的数字、整数[2]	• 数据的平均值、地理位置的经纬坐标、绝对值非常大但精度要求不高的数值等数据都可以用实数表示
文本（Text）/ 字符串[3] （String）	由各种语言字符、各种符号组合成的长度任意的文本数据项，可以表示丰富且自由的内容	• 用户标识、无限定选项的数据、各种名称等都可以用文本类型表示[4]

9.2　准备二：定义数据协议和数据 Topic

数据协议可以理解为数据接入层对接收和存储数据的技术约定，包括数据的传输方式、解析方式，以及数据的格式规定，这些是数据开发工程师更关心的部分。

数据 Topic 则是建立在数据协议之上，对数据逻辑结构的约定，也是数据产品经理更关心的部分，数据 Topic 在本书后续的讨论中会反复出现。

一款用户产品通常需要采集和上报多种多样的数据，不同的数据往往具有不同的逻辑结构，这就需要为每种数据均定义一个数据 Topic。

图 9-1 展示了数据协议与数据 Topic 在数据产品体系中的位置与作用。

在数据 Topic 的定义中，数据字段和数据分量是两个重要的概念。在图 9-2 中，如果我们将同一类全体上报数据视作一张二维的表格（由行与列构成），表格的每一行表示一组上报数据，那么每一列都是上报数据的一个字段（Field），字段名称就是这一列的标题。而每一行数据在每一列的具体内容则称为数据在该字段的分量。我们用字段类型来约束每一组数据在该字段分量的数据类型和长度，以使上报数据都遵循数据 Topic 的定义。

---

[1] 在计算机科学中，实数与浮点数通常表示相同的概念。在本书中，我们以"实数"统称。
[2] 虽然实数也可以表示整数数值，但考虑到实数类型与整数类型对数据定义的关注点不同，且各种开发技术对整数的运算会有更好的优化，若整数类型能够满足需求，则应尽量采用整数类型。
[3] 在计算机编程中，字符串的概念较常见，而文本通常是广义的概念，指不具有数学运算性质的一种可理解的简单数据。在本书中，我们以"文本"统称。
[4] 不具有数学运算性质的数字型数据通常也以文本标识，以增强数据的通用性，如手机号码、邮政编码，以及以 0 开头且有意义的编号。实际上，中国的邮政编码存在以 0 开头的情况，如河北省石家庄市的邮编为 050000，若使用整数类型则无法表示开头的 0。

第 9 问　数据上报前需要做哪些准备工作？

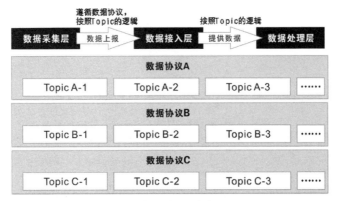

图 9-1　数据协议与数据 Topic

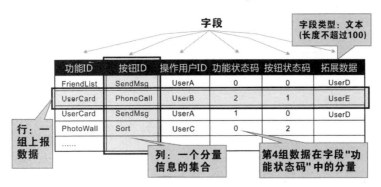

图 9-2　数据 Topic 定义了上报数据的逻辑结构

9.3　准备三：统一文本编码

如果你曾是互联网的早期用户，那么一定受过乱码的困扰：一款游戏在朋友的计算机上显示正常，而安装在你的计算机上却显示乱码。原因通常就是你和朋友的计算机系统采用了两种不同的编码。

文本类型的数据一般要考虑编码的问题。简单地讲，编码用于将文本中的字符与计算机的二进制代码建立映射。

 读一读

例如在 ASCII[1] 编码中，大写英文字母"A"对应的二进制代码是 01000001（表示十进制的 65），小写字母"b"和"c"分别对应二进制代码 01100010 与 01100011（表示十进制的 98 与

---

[1] ASCII 即 American Standard Code for Information Interchange，美国信息交换标准码，包括阿拉伯数字、英文大小写字母、英文标点符号、计算机控制字符在内的 128 个字符。

- 59 -

99）。因此，在 ASCII 编码下，我们在屏幕上看到的文本"Abc"实质是以 3 个整数 65、98、99 的二进制代码在网络中传输或在计算机中存储的。假设两个系统采用不同的编码方式解释同一段二进制代码，那么对应出的文本字符也是不同的。

在整个数据产品体系中，应尽可能统一所有环节采用的文本编码，以避免因编码不一致带来的数据错乱，甚至数据丢失的问题。这些环节包括文本在产品中的展示、文本数据的上报、文本通信，以及文本在数据库和数据仓库的存取、数据处理、数据出库。

扫一扫

目前最流行的编码是 UTF-8。想进一步了解编码的相关知识吗？赶快扫一扫吧。

埋点就是数据采集吗？

当我们想要收集数据时，总会说"这里要埋点，那里也要埋点"，似乎完成埋点就完成了数据采集。事实真的如此吗？

10.1 标准动作三步走：埋点、采集、上报

实际上，数据采集是一系列的动作，它包括三个标准动作：埋点、采集、上报（如图10-1所示），这也是一组数据自产生到接入存储必经的三个步骤。

图 10-1 数据采集的标准动作

埋点

原来我们常说的"埋点"只是数据采集的一个动作，用正式一点的语言描述是：在需要采集数据的操作节点将数据采集的程序代码附加在功能程序代码中。这样，当用户触发操作时，相应的功能逻辑和数据采集逻辑均会奏效，既让用户完成了与产品的交互，也采集到该操作的数据。这里的数据采集逻辑就像一枚感应器"埋"在每一个功能的操作节点中。而操作节点在客户端或网页中一般是指触发具有重要意义的事件，如按钮的单击、页面的打开、页面的分享。

传统的埋点工作常常会给用户产品的开发者带来如下困扰：

- 对复杂的用户产品及功能一一埋点，工作量相当大，会耽误开发者的本职工作；

- 在埋点过程中一旦疏忽大意，采集到的将是无意义的数据；
- 当用户产品的功能逻辑发生变动时，必须要对埋点做出相应调整，否则同样会使采集的数据失去意义。

因此，就要求数据采集组件具备一定的自动埋点能力，以及免埋点采集数据的能力。具备这些能力的采集组件只需要在用户产品中做好部署，除了采集十分特殊的数据，不再需要人工埋点。

采集

一旦埋点被用户触发，数据便会产生，采集动作将捕获这些数据，做初步的格式化、组装、暂存，为上报动作做准备。

这里的格式化和组装为接下来的上报动作提供了便利；而暂存是为了配合上报动作的节奏，如果我们希望采集的数据每隔固定的时间集中上报一次，或者积累到一定数量集中上报一次，那么数据就要在采集后暂存直至完成上报。

上报

经过采集的数据从用户产品被送往数据接入层的动作过程就是上报。只有完成了上报，一个数据才算进入了数据产品体系。

上报动作会对数据做最终把关：首先，筛查待上报数据，保证这些数据均是被允许上报的；然后，按照数据协议的约定，将待上报数据以合适的方式打包；最后，建立与数据接入层的通信，完成数据包的传送。

除了少部分数据需要实时上报，大部分数据对时效并没有非常高的要求，这样便可以将多个数据做一定积累后统一进行一次上报，既能够保证用户产品的性能，又可以减轻数据产品的服务器和网络负担。这就是对上报节奏的控制。常见的上报节奏有四种。

- **实时上报**。数据采集后立刻进行上报。优点是可以确保数据的高时效性，但过于频繁无疑会影响产品性能。
- **轮询上报**（也称定时上报）。数据采集后先暂存，每隔固定的时间对暂存的数据进行一次集中上报。优点是便于数据在时间维度上的处理；缺点则是每一次上报的数据量都不可控，如果在一个时间间隔内暂存的数据过多，同样会影响性能。
- **定量上报**。数据采集后先暂存，暂存数据每达到一定量才进行一次集中上报。这种上报节奏可以消除暂存数据积累过多产生的隐患，但数据上报时间不可控，如果暂存数据迟迟积累不到一定的数量，则可能会使数据丧失时效。
- **定时定量上报**。将轮询上报与定量上报的特点相结合，在实践中，这也是非实时上报采用的首选节奏。

10.2 采集组件的两类功能：机制型功能和服务型功能

虽然采集组件的具体功能是开发者最关心的，但是作为产品经理，我们有必要大致了解，以判断每一项数据采集的可行性。通常而言，数据采集组件涵盖两类功能。

机制型功能

每一种机制负责组件中的一个基础职能——它们犹如一家企业的职能部门，各司其职，保障企业运营得有条不紊。

上文中我们讨论的暂存行为可以成立一种机制，命名为暂存机制或缓存机制，负责在采集动作完成后临时收纳数据，并在上报动作完成后做清理。

除了暂存机制，数据采集组件还常引入鉴权机制、参数设置机制、异常处理机制等，分别负责验证上报者身份、设定采集和上报行为、对不正常情况进行自我纠正。

服务型功能

服务型功能包括自动化采集和上报的功能，以及提供各种接口，供开发者采用传统的方式手动埋点并完成数据采集和上报。这将是数据采集组件提供的关键功能，它们被用户产品所感知，负责实现数据的采集和上报。

表 10-1 列举了实践中几个典型的服务型功能，表中所提到的诸如"页面 ID""功能 ID""操作 ID"等 ID 表示用户产品中为区分各种数据对象所定义的唯一性标识。

表 10-1 数据采集组件所提供的典型的服务型功能

服务型功能	参数和附加数据	作用
关键事件监听	监听的事件和页面范围（可由参数设置机制提供）	对用户产品的各种关键事件建立监听，为响应式采集的后续工作奠定基础
响应事件发生	页面 ID、功能 ID、事件 ID	当建立监听的事件发生时做出响应，捕获事件产生的数据，并带着这些数据去调用数据采集方法
数据采集方法1：触发操作	页面 ID、功能 ID、操作 ID	对即时性操作或不关注持续性的操作进行数据采集

续表

服务型功能	参数和附加数据	作　　用
数据采集方法2：触发带扩展数据的操作	由各种语言字符、各种符号组合成长度任意的文本数据项，可以表示丰富且自由的内容	同"数据采集方法1：触发操作"，在此基础上允许传递除操作自身数据外的扩展数据。例如用户互动中的点赞操作，可以将被点赞的用户ID作为一项扩展数据
数据采集方法3：操作开始	页面ID、功能ID、操作ID	与"数据采集方法4：操作结束"配合使用，用于采集持续性操作的数据。例如用户在页面的停留行为
数据采集方法4：操作结束	页面ID、功能ID、操作ID	与"数据采集方法3：操作开始"配合使用，用于采集持续性操作的数据
数据采集方法5：实时上报	同"数据采集方法1~4"对应的功能	提供数据采集方法1~4的无暂存版本（即去除了暂存机制），以进行实时上报
数据上报方法1：上报暂存数据	—	将暂存的采集数据上报至数据接入层
数据上报方法2：上报实时数据	—	与数据采集方法1~4的无暂存版本配合使用，完成实时上报

10.3　对采集组件优化的思考

由于数据采集组件不能牺牲用户产品的性能，数据团队对此总是保持"优化，优化，再优化！"的态度。那么，优化采集组件可以从哪些方面着手呢？数据产品经理可借鉴 FURME 原则（参阅第 8 问的扫一扫）。

- 从功能性角度观察和思考有无多余的功能，以及有无可以升级或新增的功能。通常支持的功能越多，组件的体积就越大，而过大的体积对于用户产品是一种负担。因此，如果发现组件中存在多余的功能，则应考虑去掉。与此同时，若发现升级现有功能或新增功能可以提升开发者使用数据采集组件的效率，也应当及时落地相应的升级和新增方案。
- 从易用性角度挖掘能够降低组件使用代价和学习成本的方法，这些方法不会削弱组件原有的功能性。当然，这里的方法并不局限于数据采集组件自身的内容，提供外部功能辅助数据采集组件的使用，也可以给组件带来积极影响。例如，腾讯 MTA[1] 提供的可视化埋点工具（如图 10-2 所示），使得大多数埋点操作得以简化，甚至可以让我们直接操作埋点，省去了与开发工程师之间的沟通环节。

---

[1] 腾讯 MTA 即腾讯移动分析平台，是由腾讯开发和运营的一套功能强大的数据分析类云产品。

图 10-2　腾讯 MTA 提供的可视化埋点工具

- 从鲁棒性角度寻找组件中仍存在的可能会引发异常甚至崩溃的逻辑，将它们纳入异常处理机制，进一步完善组件的容错性，提升稳定性。
- 从可维护性和可扩展性角度考虑组件的升级对用户产品兼容性的影响。这里的兼容性主要是指向下兼容，即新组件完全兼容旧组件的功能，这样，使用旧组件实现数据采集的用户产品在更换为经改良的新组件后，不必做任何调整，依然能够保证数据采集工作的照常进行。

数据上报到哪里去了？

经过上一问的讨论，现在采集的数据已经到达数据接入层了，那么接下来应该做什么呢？由于数据接入的特性，接下来的内容避免不了会涉及一些技术元素，我们尽可能用通俗易懂的语言讨论相关的话题。

11.1 不得不谈的技术流程

数据到达接入层后会经历解包和解析、格式转换、数据清洗、数据存储（如图 11-1 所示）四大技术流程。这一系列不可或缺的技术流程筑造出数据接入层的每一个细节。

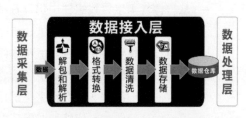

图 11-1 数据接入层的关键技术流程

解包和解析

根据数据协议的约定，采集层在上报数据前会将每组数据以特定的格式**拼装**，经过**压缩**上传至接入层，以提高数据传输效率。数据上传至接入层后便要进行相应的反向操作，即**解包**（对应压缩）和**解析**（对应拼装）。经过这一步，数据按照数据 Topic 的定义提取出各字段的分量。

格式转换

由于解析后的数据类型与数据 Topic 定义的逻辑类型通常存在差异，这就需要根据数据 Topic 的定义，将每一个分量转换为类型和格式均正确的数据以符合约定，便于后续的处理与应用。

数据清洗

难道说还存在"不干净"的数据？的确有可能，而且当数据量足够大时，"不干净"的数据基本上是必然存在的。我们以脏数据[1]来称呼这类数据。脏数据一般是指不真实、不完整、不正确、重复或无意义的数据。在数据采集和接入的过程中，产生脏数据的原因有很多，常见原因如下：

- 因数据采集组件未被正确配置导致一组数据缺失关键分量而不完整；
- 因用户产品发生异常导致上报的数据中存在错误；
- 因用户产品发生异常或网络传输故障导致同一组数据被重复上报。

脏数据往往无法被纠正和利用，数据清洗的目标就是尽可能地消除脏数据，并修复脏数据产生的影响。对于自动化数据产品体系而言，这一过程要通过设置各种识别规则，结合机器学习来完成，必要时也要进行人工干预，以促进自动化体系的完善。

数据存储

把数据比作客人，如果之前的三个过程是对客人的各种招待（当然也包括将不速之客拒之门外），那么数据存储就是要为客人安排住宿了。**数据仓库**是实现数据存储的重要技术手段。

根据数据协议和数据 Topic 的定义，接入层会事先在数据仓库中建立相应的表（Table），然后将接入的每一组数据依次存入表中（每一组数据在表中占据一行）。这样看来，数据仓库就像一座大型宾馆，每一张表则是为不同体格的客人量身定制的各种不同的房间。将各表以某种时间粒度（如小时、日、周）划分分区，根据上报时间将数据分配到对应的分区中，不仅便于数据的归档存储，更有利于提高数据在今后被提取使用的效率。

关于上述流程更深入的内容已超出了本书的讨论范围，如果你依然兴趣浓厚，除了查阅这方面的书籍资料，还可以向数据团队中的运维工程师和开发工程师请教。

11.2 数据仓库 vs 数据库

上文中我们提到，数据接入后会被存储在数据仓库中（而不是更常听说的数据库）。从字面上看，数据仓库（Data Warehouse）和数据库（Database）都是用来集中存放数据的场所，而数据仓库似乎又能比数据库容纳更多的数据。这样顾名思义并没

---

[1] 如果你熟悉数据库技术，那么请不要将我们在此讨论的"脏数据"与数据库中因事务同步问题导致的脏数据混淆，二者的概念不完全相同。

有问题，只不过无法帮助我们进一步理解二者的异同。实际上，二者在数据应用中的作用差异非常大，不能相互代替。

- **面向的业务场景不同**。数据仓库面向数据分析处理，而数据库则面向事务处理。例如一款社交 App，它会使用数据库来存取用户的账号信息、参数设置、关系链等信息，为产品提供用户身份验证、设置解析、好友互动等业务逻辑的数据事务处理；而用户在 App 中表现的各种行为数据，则会通过数据产品存储到数据仓库中，以支撑日后对用户行为数据分析的需求。
- **优化的操作不同**。由于面向的业务场景不同，数据仓库需要集中系统资源优化数据的获取，以应对大量数据被频繁调取、分析和处理的需要；数据库则需要对数据的访问、存储、删除、更新进行全方位优化，以满足频繁的数据更新和事务处理对速度和效率的要求。
- **数据的组织方式不同**。数据仓库中通常以时间的分区来组织数据，如按小时分区、按日分区、按月分区；而数据库通常以数据的索引和实体的关系组织数据。这主要也是为了契合不同的业务场景——数据分析通常要以一个时间粒度为单位进行统计和分析（如统计一天的活跃用户数），而事务处理则需要保持数据库中各数据实体的关系（如一个用户的账号和密码必须与该用户紧密关联）。
- **数据冗余性不同**。冗余即被重复存储的数据。如果你学习过数据库相关的知识，那么一定对关系数据模型的范式（如第三范式、BC 范式）不陌生，范式的作用就是在保证数据关系的前提下尽量减少数据的冗余，这也是数据库实践中对数据的低冗余要求。而数据仓库不但没有强调数据间关系，反而接受高冗余的数据以丰富数据的维度，从而提升数据分析的效率。此外，数据冗余性的差异也约束了数据库，使数据库往往只保留最新、最有效的数据，而数据仓库则要保留历史上所有的数据。例如游戏中玩家的各项属性值会随时改变，当这些数值发生变更时，数据库只保留更新后的数值，抛弃更新前的数值；而数据仓库则要完整保留玩家每一次更新前后的属性值，并记录更新的时间点，这样就能够追溯玩家的成长过程。

对于数据产品而言，数据接入层和数据处理层会更频繁地与数据仓库打交道，并且数据仓库通常也是数据接入层和数据处理层的数据通信渠道；而处于数据应用层的产品与用户产品相似，通常使用数据库来实现产品的数据存取和事务处理。

11.3 用可视化方式达成约定

经过之前的讨论，我们大致了解到，数据协议和数据 Topic 在各层次之间对数据结构发挥约束作用，使数据得以在各层次之间畅行无阻。

我们要在产品中上报数据，相应的数据 Topic 由谁负责定义呢？数据产品经理自然是不错的人选，不过若数据团队同时支撑公司内的多个用户产品，那么数据 Topic 的定义也不应完全让数据产品经理承担。在这种情况下，数据团队要开放数据 Topic 的申请，由各用户产品自主定义，并按照既定规则完成数据接入。

数据 Topic 申请管理平台便应需求而生，这也是数据接入层的一款数据产品，它通常被设计为一个网站，运行在公司内网中。我们可随时访问这个网站申请数据 Topic，以接入产品中要上报的数据，而数据团队只要安排专人对申请进行审核即可。数据 Topic 申请通过后将自动生效，并在数据产品体系的各层次发挥相应的作用。

数据 Topic 申请管理平台主要提供两个操作端。一个是**申请端**，面向包括我们在内的用户产品团队成员，用于提交数据 Topic 的申请；另一个是**审核端**，供数据团队安排的审核专员对已提交的申请进行审核操作。

申请端

通过申请端申请我们需要的数据 Topic，并对各数据字段做出定义。

首先，要在申请端选择开发者使用的数据协议（通常保留默认选项即可），并指定我们的用户产品。

然后，填写 Topic 名称、申请用途等备注性内容，以及数据 Topic 的逻辑结构：有哪些字段、每个字段的名称和类型。

图 11-2 展示了数据 Topic 申请管理平台申请端的界面原型，通过这个界面可以完成一个数据 Topic 的申请。

审核端

审核端要做的自然就是汇集与审核。汇集通过申请端提交的各数据 Topic 的申请，并由数据团队审核专员对这些申请做出评估，评估一般有"通过"和"驳回"两种结果。

审核专员若要对存在问题的申请进行驳回处理，则应输入驳回原因，供申请者参考和更正，以重新提交申请；如果申请确认无误，准予通过，则该申请对应的数据 Topic 随即生效，这通常伴随着如下流程。

- 分配 Topic ID，作为新生效的数据 Topic 的唯一性标识，用于数据采集层、数据接入层和数据处理层对不同数据 Topic 及其数据的辨识。

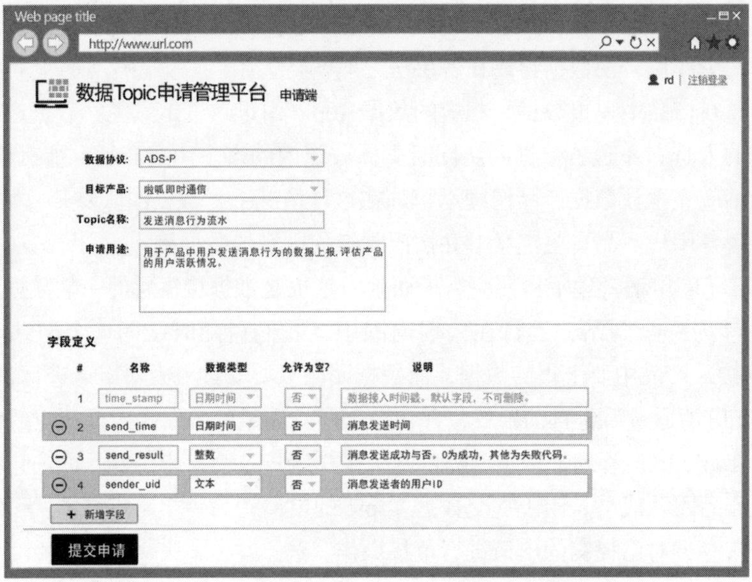

图 11-2　数据 Topic 申请管理平台申请端的界面原型

- 建立对应的数据存储区域，例如在数据仓库中，根据此数据 Topic 的逻辑结构建立表，用于以该数据 Topic 接入数据的存储。
- 在整个数据产品体系中登记此数据 Topic，使数据产品体系的各环节能够及时了解该数据 Topic 的存在，并给出合适的响应。
- 向申请者反馈通过结果，并对下一步操作提供指引。

图 11-3 展示了数据 Topic 申请管理平台审核端的界面原型，审核专员可通过这个界面处理来自申请端的各个申请。

如果你所在的公司实行工作流管理，数据 Topic 的申请与维护也会被纳入工作流机制中，为整个操作建立一套规范化的流程，参与者则要遵照流程操作。对于工作流较完善的场景，数据 Topic 申请管理平台除了申请者与审核专员，通常还会增加复核相关的角色。例如我们提出申请后先流转至我们的直属领导，由后者做出同意或不同意的批示。由于申请者的主管或团队领导可以根据业务实情判断申请的必要性，这样便可以消除大多数不合理或不必要的申请。另外，审核专员审核后，也可流转至复核员再次确认，以确保有足够的服务器和网络资源接纳新申请的数据 Topic。工作流的最后，可由自动化系统来实施数据 Topic 的建立。图 11-4 描述了数据 Topic 申请与审核工作流的典型模式。

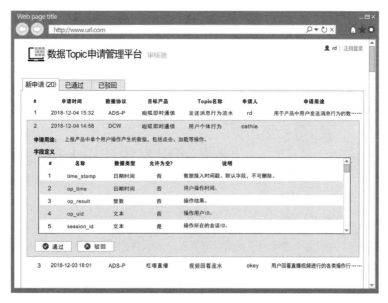

图 11-3　数据 Topic 申请管理平台审核端的界面原型

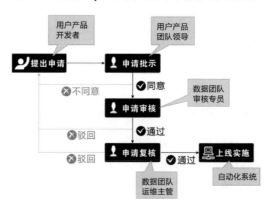

图 11-4　数据 Topic 申请与审核工作流的典型模式

工作流不仅规范了流程的执行，也提高了系统的安全性，使每一步操作均可被追溯——谁，在什么时间、什么地点，进行了什么操作，结果如何，诸如此类。

第12问 我们可以直接使用上报的数据吗？

答案是否定的，原因很简单，数据接入层所存储的上报数据是最原始的数据形态，这些数据往往只是对用户行为等的事实描述，离分析和应用还隔着"处理"这关键的一层。上报的数据要在数据接入层做充分的汇集，数据处理层将在此基础上针对形形色色的应用场景做各式各样的处理，构建一个多元化数据的大本营。

12.1 数据处理的基本操作：归并和计算

经历了采集和接入，我们已经能够轻松获得一款产品与用户登录和用户操作相关的数据了，这些数据也以原始流水的形式，一天天地积累在数据接入层。现在问题来了，我们想根据这些原始数据统计产品每日的登录用户数、活跃用户数、各功能的用户访问和操作规模，甚至还希望能够分别以性别、年龄、地域、用户设备类型等为维度划分用户群体统计各指标，那么需要执行怎样的步骤才能实现呢？这就要数据处理层发挥作用了。

从表面看，数据处理层的主要工作就是不停地从接入层获取数据，加以**归并和计算**，将处理后的"新"数据[1]存入数据仓库或输出到指定的位置。犹如一个老道且勤劳的裁缝，将一匹匹不同材质、不同花色的布料不断地加工成一件件款式各异的服装。

我们通常将"归并"和"计算"这两种处理操作一同讨论，是因为数据处理层对数据的归并和计算通常是相伴进行的。而严格起来说，归并和计算是不能混为一谈的。

---

[1] 这里之所以把"新"加上引号，是因为处理后的数据并非新产生的数据，而是基于原始数据的另一种表达形式。

归并

归并是指从一份或多份原始数据中选取部分数据，整理成一份"新"数据的操作。归并处理主要有以下四种操作，前两种针对一份数据，后两种针对多份数据[1]。

- **选择**（Selection）。将一份数据视为一张二维表，**按行抽取**其中部分数据的操作，称为选择，如图 12-1（a）所示。通过选择组成的"新"数据集与原始数据集的列数相等。执行选择操作时可以针对字段附加条件，即只有字段分量符合条件的数据行会被抽取，如图 12-1（b）所示。
- **投影**（Projection）。同样将一份数据视为一张二维表，如果**按列抽取**则称为投影，如图 12-1（c）所示。投影操作将每一行数据在指定列上取值（字段的分量），并抽取出来组成一份"新"数据，而行数不变。投影与选择结合，可实现对一份原始数据的任意裁剪，如图 12-1（d）所示。

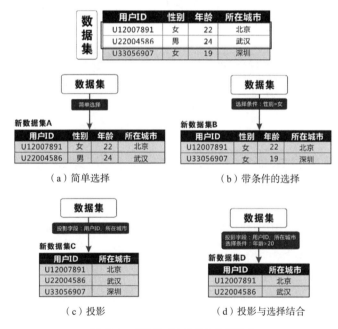

图 12-1 归并处理之选择和投影操作

- **合并**（Union）。把两份数据按行结合成一份"新"数据的操作称为合并，这里的两份数据必须具有顺序相同的字段定义，如图 12-2（a）所示。

---

[1] 这几种操作是由关系代数定义的。关系代数最早由效力于 IBM 的英国科学家 Edgar Frank Codd（1923—2003）提出的，它用于关系数据库的数据建模和定义查询。

- **联结**[1]（Join）。将两个二维表**按列**整合，即横向扩展。参与联结的两份数据通常至少有一个共同字段作为**联结键**，例如图 12-2（b）中数据集 A 与数据集 B 均包含字段"用户 ID"，以此联结两个数据集得到的"新"数据集的字段是数据集 A 与数据集 B 字段的并集。

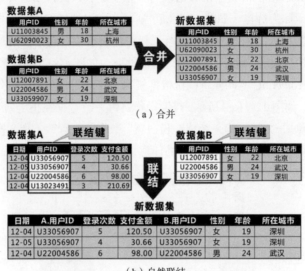

图 12-2　归并处理之合并和联结操作

以上四种种操作经过排列、组合，可以完成几乎任何复杂度的数据归并任务。

计算

这里的计算与数学中的计算概念大致相同，指通过已知数据得到未知数据的过程。在数据处理中，常见的计算操作分为以下两类。

- **分量计算**，二维表形式上为**横向**计算，发生在每行数据各分量之间。分量计算可以是数学运算（如两个分量数值的加、减、乘、除，大小比较），也可以是数据类型转换、数据重构等特殊操作。图 12-3 的示例通过对数据集 A 执行两种分量计算——相加与条件重构，得到"新"数据集的两个字段"总时长"和"时长等级"。我们注意到，"新"数据集的数据记录数（行数）与数据集 A 相等，也就是说，分量计算的结果对每行数据记录均是独立的，不会跨行产生影响。

---

[1] 在其他书籍文献中也以"连接"二字出现，实质含义相同。考虑到英文 Join 的原义及操作本身的性质，笔者认为使用"联结"更恰当。

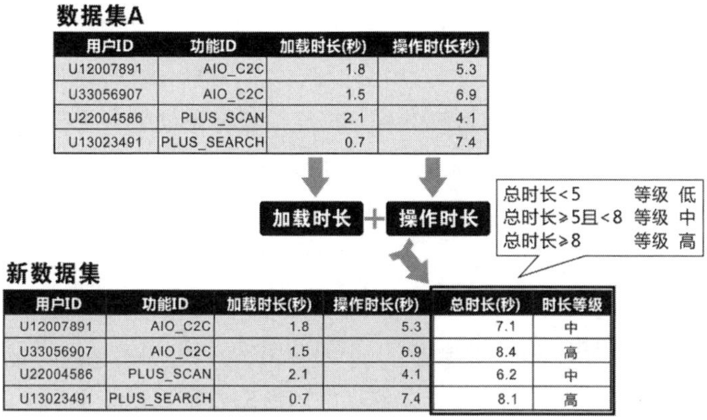

图 12-3 分量计算操作

- **聚合计算**，二维表形式上为**纵向**计算，作用于多行数据记录，通常先通过一个或多个**维度字段**将数据记录分组，再将各分组中每一行记录在一个或多个**指标字段**分量聚合为一个数据值。聚合计算操作多见于统计运算，如计数、去重计数[1]、求和、求平均值、求方差、求最大/最小值等。图 12-4 示范了将一份"用户间发送消息行为"数据（数据集 A）通过聚合计算处理为一份"各平台每日用户发消息统计"数据表（"新"数据集），数据集 A 中的"数据日期"作为分组字段在"新"数据集中体现为维度字段，而原始的字段"用户 ID"与"发送次数"则聚合为处理后的指标字段"发送行为用户数"和"发送消息总数"（前者为去重计数，后者为求和）。

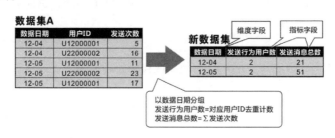

图 12-4 聚合计算操作

12.2 任务调度平台，自动化处理引擎

你也许会问，上一节讨论的这些处理动作似乎需要人工干预，难道数据处理层这

---

[1] 去重（chóng）计数，即去掉重复的部分，在计数时重复出现的数据只统计一次。

位"裁缝"要由人来扮演吗？是，也不是。数据繁多，又要动辄每日、每小时甚至更频繁地做大量处理，必须要有一个自动化处理引擎，这就是任务调度平台；而处理哪些数据及怎样处理，则需要人编写脚本程序提交给任务调度平台去执行。看到"编程"二字，你一定会认为这是工程师做的，实际上，超过 80% 的数据处理脚本并不复杂，只要对相关知识略知一二即可，产品经理也能够轻易掌握（我们将在第 28 问中讨论编写简单的 SQL 代码）。

简单地看，任务调度平台的主要工作就是定时执行我们编写的脚本，以使数据按照我们期望的方式被周期性地处理，并于我们期望的时间到位。它不仅保障了数据处理方案的执行，同时打通了上游数据（数据接入层的各种数据）流向下游（数据应用层和各类分析业务）的渠道。

典型的任务调度平台包括以下几个模块，如图 12-5 所示。

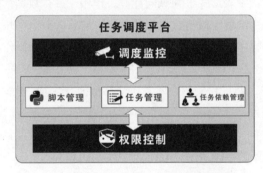

图 12-5 组成任务调度平台的主要模块

- **脚本管理**，提供脚本上传、共享、下载和删除的功能，供使用者维护用于数据处理的脚本代码。
- **任务管理**，在此配置任务，告知任务调度平台以怎样的节奏和方式执行数据脚本，以实现我们期待的周期性自动处理。稍后我们讨论任务配置相关的内容。
- **任务依赖管理**，对于要严格按照先后顺序执行的多个任务，要在这个模块中设置它们的依赖关系。任务 B 与任务 C 均依赖于任务 A 所处理的数据，而任务 A 又依赖于两份原始数据，那么设置任务依赖后，能确保任务 B 和任务 C 的处理会在任务 A 处理完成后开始，以免因数据未到位而处理失败，如图 12-6（a）所示。**自我依赖**是一种特殊的依赖关系，例如要统计到今天为止产品的累积登录用户，就需要基于昨天的累积登录用户数据来计算，昨天的则基于前天的……一直追溯到产品刚刚上线的那一天，处理这份数据的任务就形成自我依赖，如图 12-6（b）所示。

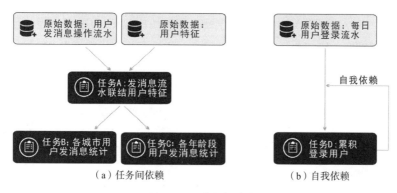

图 12-6 任务依赖关系

- **调度监控**，汇总和监控每一个任务的每一次调度的执行状态，让使用者对自己负责的任务一目了然：哪些调度已经完成、哪些调度正在执行、哪些调度尚未执行、哪些调度执行失败，以及后两者的原因。
- **权限控制**，根据使用者的身份，限定可使用的资源、模块及各模块的表现行为。

假设现在要在任务调度平台上提交一个任务，需要进行哪些操作呢？总体上分为三步：

- 第一步，在脚本管理模块中上传处理脚本；
- 第二步，在任务管理模块中创建新任务，并配置任务的各属性和参数；
- 第三步，在任务依赖管理模块中指定新任务与原有任务的依赖关系。

其中，第二步需要配置的属性和参数主要有 5 个。

- **调度周期**。与数据指标的粒度类似，常见于以月、周、日、小时为周期，对于频率要求更高的任务，也可以选择以 5 分钟、10 分钟、15 分钟甚至更短的时长为周期。例如统计产品日活跃用户的任务，其调度周期可设为天；而要分析用户在一天中每个时间段的行为数据的处理，则应每小时调度一次。
- **调度时间**，指明每个周期的调度应于何时启动。例如对于调度周期为日的任务，调度时间可以指定为凌晨 2 点 30 分，那么该任务会在每天的凌晨 2:30 启动一次调度，以计算前一天的数据；而调度周期为月的任务，则调度时间可以指定为每月 1 日的凌晨 3 点，那么该任务将在每月 1 日的凌晨 3 点启动一次调度，来计算上一个月的数据。
- **脚本**，指定一个从脚本管理模块中上传的脚本，以定义任务的处理行为。

当任务在每一个周期被调度时,脚本即被执行一次。下面是用 Python 语言编写的一段简单且完整的脚本样例,它表示从原始数据表 table_source 中选取调度时间范围的数据,以 UserID 字段去重计数作为访问用户数(UV),以记录计数作为访问总次数(PV),并将计算结果插入结果表 table_result 中,变量 iDate 用于接收任务调度平台传递的日期时间参数。

```python
#!/usr/bin/env python
def schedule_main(dataObj, argv = []):
    iDate = argv[0]
    dataObj.execute("use main_dataoss")

    dataObj.execute("ALTER TABLE table_result DROP PARTITION (p_%s)" %(iDate))
    dataObj.execute("ALTER TABLE table_result ADD PARTITION p_%s VALUES IN (%s)" %(iDate, iDate))

    dataObj.execute("""INSERT TABLE table_result
            SELECT %s, COUNT(DISTINCT UserID) AS uv, COUNT(*) AS pv
            FROM table_source PARTITION (p_%s) p""") %(iDate, iDate)
```

- **任务类型**。至今为止,我们处理的均是已在接入层就绪的数据,这一类任务以归并和计算为主,可称为数据计算。除此之外,任务调度平台还可以支持更丰富的任务类型,如数据接入、数据接出、数据同步。

> **读一读**
>
> 对这些任务类型的解释如下。
>
> **数据计算**是任务调度平台最常规的任务类型。正如我们在本问讨论的,这类任务打通数据接入层和处理层,能够将任何数据集进行归并和计算,并将结果数据存入处理层的数据仓库中。而具体的处理行为,则由脚本决定。
>
> **数据接入**是任务调度平台在数据接入层的应用。这类任务可以帮助接入层将采集自各种途径的数据周期性地接入统一的目标中(如数据仓库)。
>
> **数据接出**指数据由处理层流向应用层的过程。常见于将数据仓库的数据接出到数据库,供各种数据应用产品使用。
>
> **数据同步**,顾名思义,就是使两个数据源的内容保持同步更新。

- **任务负责人**。除了任务的创建者,谁还可以管理此任务?这个属性主要用在多人协作或者非常重要的数据处理场景中。如果任务出现问题,而创建者(第一负责人)恰巧不便于及时处理时,可由备份负责人完成排查和处理任务。

接下来，我们对数据处理过程中常遇到的两组技术名词进行辨析，以便于我们在数据场景的诸多工作中开展有效沟通。

12.3 横表 vs 纵表

表 12-1 和表 12-2 展示了同一部分用户的特征数据。前者每一行代表一个用户，每一个字段分量都表示一个具体用户的一项特征信息，这种将尽可能多的细节数据按列排布的表称为**横表**；后者则为**纵表**，将细节数据按行放置在每条记录里，只保留较少的列（字段）。

表 12-1 用户特征数据样例（横表）

用户 ID	性别	年龄	城市	职业	注册时间	最近一次登录时间	……
U32356789	女	19	武汉	学生	2017-01-22 12:06	2018-03-01 17:36	
U34819581	男	31	深圳	公司职员	2018-03-09 20:17	2018-02-28 19:24	
……							

显然，纵表的逻辑结构较横表简单，要为用户扩展新的特征，只要添加新的记录即可，而不必增加字段；然而，纵表需要多条记录才能完全描述横表中一条记录所表示的用户特征数据。

由于在主流数据库和数据仓库技术中，为数据集增加字段远不如增加记录那样方便、开销少，且对数据记录的处理比对字段的处理更灵活，所以对于数据变动频繁、数据记录差异较大的场景我们多使用纵表；而对于内容相对固定、数据记录差异小

表 12-2 用户特征数据样例（纵表）

用户 ID	特征项	特征内容
U32356789	性别	女
U32356789	年龄	19
U32356789	城市	武汉
……		
U32356789	年龄	31
U32356789	职业	公司职员
……		

的场景，我们更倾向于使用横表。同样拿用户特征数据表举例，如果绝大多数用户（比如超过 80% 的用户）都存在性别、年龄、城市、职业、注册时间等信息项，且信息项今后不会频繁变动，那么使用横表（如表 12-1 所示）会使数据有更好的聚合性，需要观察哪个用户，只要抽取对应的一条记录即可；如果不同用户的信息项差别较大，比如有些用户只有城市和职业的信息而有些用户只有年龄、家庭、兴趣的信息，或者我们随时会通过用户研究补充更多的信息项，那么纵表（如表 12-2 所示）将是更好的选择。

12.4 事实表 vs 维度表

在基于数据仓库的数据处理和商业智能中，通常将数据表分为**事实表**（Fact Table）与**维度表**（Dimension Table）。简单地说，用于**记录实际发生的事件数据**的表是事实表，而用于**描述个体详情、提供关联维度**的表是维度表。

用户的行为，如登录、单击按钮、参与活动、购买商品，都属于实际发生的事件，那么承载这种数据的表就应当是事实表。由于事件是实时发生的，且数据量大，为了提高效率，事实表通常只记录事件发生的每个个体的标识，以及事件过程的附加数据，而不负责对个体进行细节描述。如社交 App 中的用户发送消息操作流水数据就可以形成一张事实表，里面记录了每个用户每次发送消息的事件，每条记录均可表达这样的语义："谁，什么时候，用什么版本的 App，向谁，发送了一条什么样的消息"，但不包含每个用户的特征数据。

对个体细节描述是维度表的事情。与事实表相比，维度表数据更新没有那么频繁（甚至基本固定），数据相对较少。如用户特征数据形成的表就是维度表，它的每条记录均详细描述一位用户的情况，只有当新用户注册或用户信息变更时，维度表才需要被更新。

至此我们可以归纳出事实表与维度表的关系：一张事实表会与一张或多张维度表关联，一张维度表也被直接用于描述事实表中的个体。事实表与维度表的这种关系构成了数据仓库的星型模式（Star Schema），如图 12-7 所示。

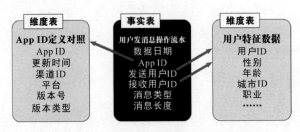

图 12-7 事实表与维度表构成的星型模式

如果维度表中也存在需要进一步描述的数据个体，就需要用一张维度表与另一张维度表关联，以进一步扩充维度。在用作维度表的用户特征数据表中，"城市"字段可以作为一项数据个体进一步定义，如描述一个城市的所属省级行政单位、国家或地区等。这样就构成了数据仓库的雪花模式（Snowflake Schema），如图 12-8 所示。

第 12 问　我们可以直接使用上报的数据吗？

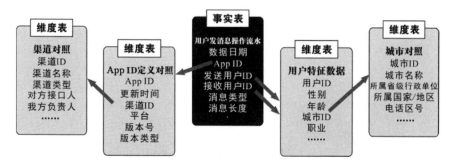

图 12-8　事实表与维度表构成的雪花模式

第 13 问

数据处理好了，我可以享用哪些服务？

在经历了采集、接入、处理这一系列流程后，数据终于到达应用层了。实际上，我们是通过享用应用层的各种服务来与数据打交道的。因此，应用层的产品通常以"数据门户"的形式面向使用者，其中报表平台最为人熟知，除此之外，门户中还有哪些成员呢？

13.1 数据门户的家族成员

一提到"门户"这个词，最容易让人联想到的是武侠小说里的各门派，以及那些"自立门户"的年轻有为之士；而"门户网站"也是互联网行业描述综合性网站的惯用术语。数据门户自然也不例外，在为公司各团队提供综合数据服务领域独当一面。当然，这要归功于门户中的家族成员，相信你对其中一部分成员的名称及其看家本领并不陌生。

- **报表平台** 是数据的综合性展示平台，以报表和图表为主要的交互形式，所有值得观察和分析的结果数据都可以在此呈现。
- **Dashboard** 将多组相关的核心数据指标以各种图表的形式展示在同一个页面中，便于站在全局视角快速且直观地观察数据。
- **用户分析类产品**，包括用户画像产品、用户特征分析平台、用户提取平台、用户数据包处理工具等。这类数据产品提供有关用户特征分析和应用的各种平台和工具。
- **数据订阅类产品**，包括报表订阅、推送订阅、异常告警等。这类数据产品以邮件、短信、微信或 App 等方式向订阅者推送订阅内容，便于他们在第一时间了解数据的情况。
- **即席查询类产品**，包括数据仓库 IDE、命令行工具、数据提取 API 等。这类数据产品面向高级需求，为数据的专业应用提供灵活支持。

数据门户中大多数产品会以 Web 为技术形态，可以在电脑上通过浏览器方便地登录与使用，而不需要安装额外的软件。随着移动办公的普及和数据决策实时性的提升，移动化的数据门户产品也成为主流需求，形态如微信公众号、微信小程序、App。

接下来，我们讨论数据门户家庭成员的几个值得思考的内容。

13.2 报表呈现的奥秘

报表平台给我们印象最深的，无外乎是密集的数据表格、五颜六色的图表和颇具复杂度的条件筛选操作。从整体结构上看，一个典型的报表平台主要分为导航、条件筛选区和报表呈现区等区域。报表平台结构分区，如图 13-1 所示。

图 13-1　报表平台结构分区

报表呈现区无疑是报表平台最核心的区域，报表所承载的数据在这里呈现。"报表"这个名称很容易被认为数据要以表格的形式呈现，实际上，图表、文字描述都是常见的呈现形式。在信息表达的直观性上，通常认为**图表优于表格，表格优于文字描**

述，因此常把图表放置在报表呈现区的顶部，而把备注性内容以文字描述的形式放置在底端。报表数据呈现形式对比如表 13-1 所示。

表 13-1 报表数据呈现形式对比

		图 表	表 格	文字描述
主观因素	直观性	较好	一般	较差
	可解读性	一般，数据阅读者可能会因缺乏细节而曲解数据	较好，数据阅读者可参考表格中其他数据解读所需数据	一般，数据阅读者对数据的解读仅限于文字披露的部分
	传播性	较差，图表的传播不能脱离上下文，且不能在纯文本环境中直接转发	一般，表格的内容需要与上下文有较强的关联性，且若在纯文本环境中转发需要事先进行格式转换	较好，文字描述通常本身包含对上下文的描述，可在任何环境中直接转发
客观因素	生成效率	一般，数据处理层的数据虽无法直接以图表形式呈现，但可根据一定规则完成自动生成	较好，数据处理层的数据可直接以表格形式呈现，几乎不需要转换处理	较差，必须为每一项数据人为指定文字描述的格式
	维护效率	一般，数据指标小幅度增减可在不改变图表形态的情况下较易完成变更；但若数据指标大幅度增减或数据维度有增减，则通常要重新绘制图表	较好，数据维度和指标的增减可迅速在表格中通过增减列的方式完成变更	较好，任何数据上的变更都可以通过变更文案来实现
	细节展现	较差，图表通常用于展示总结性数据，不适用于描绘层级较深或维度复杂的细节数据	较好，适用于多层次和多维度的数据展示	一般，可以描述层次较多和维度复杂的数据，但同时也会增加数据阅读者对文字理解的难度
	二次处理	较差，由于对上下文的依赖和细节展现的限制，图表呈现的数据很难被用于二次处理	较好，对于维度较复杂的数据表格可以用于二次处理和分析，或者导出后交由 Excel、SPSS 等软件进行更深入地处理	一般，与图表类似，受限于对上下文的依赖和细节展现能力，除非文字描述得足够详尽

注：所谓"上下文"即我们解读数据时的语境。例如我们在讨论用户发送即时消息的场景时会说"女性用户占 52%，男性用户占 48%"并可以绘制一幅饼图来描述不同性别的用户比例，这幅饼图的上下文即我们讨论的"用户发消息行为"，若脱离了上下文（如把这幅饼图剪切到一份不相关的报告中），图表也将失去意义。

至于每种图表的适用场景，我们将在第 25 问集中讨论。

13.3 运筹帷幄的 Dashboard

Dashboard 直译为仪表盘，但这给人的印象更多是类似图 13-2（a）中汽车上的仪表盘，实际上我们所讨论的 Dashboard 可以更加丰富，其丰富程度不亚于图 13-2（b）所示的飞机驾驶舱中的仪表盘。图 13-3 是数据产品中的 Dashboard 及主要组件。

（a）汽车仪表盘　　　　　　　　　　（b）飞机仪表盘

图 13-2　现实中的 Dashboard，即仪表盘

图片来源：pixabay.com

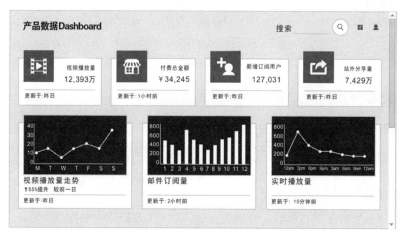

图 13-3　数据产品中的 Dashboard 及主要组件

Dashboard 通常以图文并茂的方式集中展示用户产品的最新核心数据，其特点可概括为三个字——全、新、爽。

- **全**，影响产品全局的任何核心数据指标都应在 Dashboard 中呈现。
- **新**，Dashboard 所呈现的是最新的数据，且能够在最短的时间里反馈产品的任何数据波动。
- **爽**，Dashboard 中各数据的组织逻辑顺畅且布局有条理，虽然信息量大，但视觉上依然清爽。

Dashboard 所展示的内容除常规图表外，还有一类非常重要的数据，它们以递进图的形式呈现。

常见的递进图有进度指示图、漏斗图和 Timeline，如图 13-4 所示。进度指示图描述当前某项任务指标的完成程度；漏斗图多用于展示逻辑关系上层级递进的多个数据，如用户运营中分析用户从访问、注册、浏览到消费的逐级转化情况；Timeline（可译作"时间线图"）则描述时间上递进发生的多个事件的数据，如产品自上线以来，每个关键指标的每次历史新高的展示。

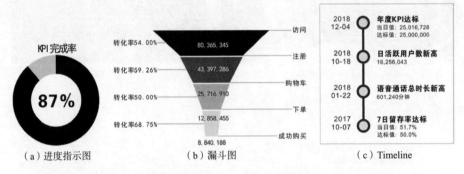

图 13-4 Dashboard 中的递进图示例

13.4 火眼金睛的用户分析平台

《西游记》中孙悟空在太上老君的八卦炉中练就了一双火眼金睛，能够识妖辨恶，看出妖怪的原形。我们的用户分析平台虽不可能识别妖魔鬼怪，却常常要利用数据尽可能还原产品中用户的真实身份，使我们能够清楚了解虚拟世界的用户在现实中的情况，从而驱动产品深入用户需求。

用户分析平台主要包括两个方面的用途，第一个是描述一组用户的特征，第二个是根据特征找出相应的用户，二者在逻辑上刚好互逆。由于这些用途具有逻辑明确的操作流程，因此该平台通常采用向导式交互。

描述用户的特征

假设在运营活动中，我们收集到一批用户（数据上，每个用户均以用户 ID 表示），想了解这些用户的性别、年龄、地域、兴趣等特征的分布，就需要用户分析平台的第一个用途。操作步骤参考如下所示。

- 第一步，输入参数，上传我们手中的用户数据包文件，如图 13-5 所示。
- 第二步，输出参数，即我们要查看的用户特征，如图 13-6 所示。

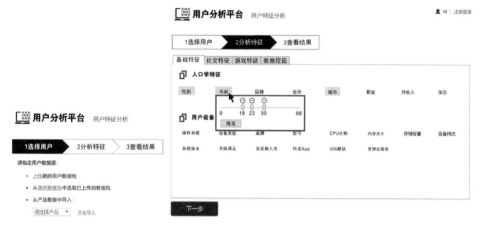

图 13-5　用户特征分析之输入参数　　　图 13-6　用户特征分析之输出参数

- 第三步，生成结果，其形式与"大数据报"相似，如图 13-7 所示。也可以将生成的结果保存或导出，可以方便日后查阅和进一步处理。

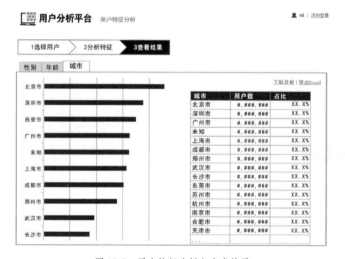

图 13-7　用户特征分析之生成结果

另外，通过**下钻分析**功能可以实现对用户特征的多级探索。例如，之前的生成结果显示"高活跃度"用户有 50 万名，那么这 50 万名用户的城市分布是怎样的呢？可以针对这 50 万名高活跃用户按所在地特征下钻分析，得到结论"高活跃用户中所在地为'深圳市'的有 9 万名"；继续按性别下钻分析，便可得到类似"高活跃度的深圳市用户中有 5 万名是女性"的结论,甚至还可以继续这样做,直到满足我们对结论深度的要求,整个下钻分析的路径如图 13-8 所示。

根据特征寻找用户

假设要指定地域、年龄、职业、兴趣等特征选取用户,以开展专项运营,就会涉及用户分析平台的第二个用途。操作步骤参考如下所示。

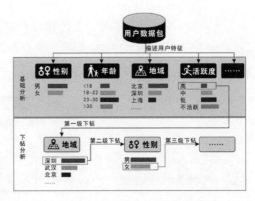

图 13-8　用户特征下钻分析路径

- 第一步,输入参数,即圈定特征,并指定各特征的取值,如图 13-9 所示。

图 13-9　用户提取之输入参数

- 第二步,输出参数,即需要提取的用户信息,如图 13-10 所示。用户 ID 通常是必选的输出信息,其他信息也可以一并提取,如用户的性别和年龄。如果只需要满足特征条件的一部分用户,还可以设定抽取选项,如选择"抽取前 n 个用户"或"随机抽取 n 个用户"。

第 13 问　数据处理好了，我可以享用哪些服务？

图 13-10　用户提取之输出参数

- 第三步，保存提取的数据，如图 13-11 所示。提取的数据可以选择存入数据库，也可以选择导出为数据包文件（或二者皆有）。如果提取的用户信息直接用于用户产品功能的开发，那么存入数据库更便于工程师直接读取这些用户的信息。

图 13-11　用户提取之保存提取的数据

13.5　温暖人心的数据订阅

数据订阅类产品从不要求我们主动使用它们，甚至无须了解它们的存在；它们在绝大多数时间里保持沉默，又在关键时刻将数据和信息"送货上门"。一款数据订阅

- 89 -

产品有两个核心交互——**订阅**和**推送**。前者通常会整合入报表平台，我们可以基于现有的报表或 Dashboard 操作订阅；至于后者，如今借助人手一部的智能手机和各种便捷的移动互联网产品，实现订阅内容准时、精确地推送也并非难事。在使用数据订阅类产品时，我们需要考虑下面的一系列问题。

哪些数据允许订阅？

原则上处于数据应用层的任何数据均可以订阅，这些数据主要集中在报表平台、Dashboard、用户分析平台上。不过，由于订阅数据具有更高的流动性和可传播性，且去向难以控制，因此敏感数据会被限制订阅。

支持哪些推送途径？

E-mail 可以承载较多的信息，且具备存档的功能，一般是数据订阅的最基本途径之一。考虑到移动办公的场景，也可以选择微信、QQ 和办公平台（如企业微信、TIM、钉钉）等途径，特别是需要多名同事接收订阅数据时，订阅推送至微信群或 QQ 群也是不错的选择。

另外，短信、电话语音虽然是颇具年代感的推送途径，但是在触达性上有一定优势（比如不需要数据网络和智能设备），适合向运维人员推送紧急信息。一种实践方式是在团队内购置一部功能型手机（仅具备接打电话、收发短信等基础功能，持久待机），交由轮班执勤的运维人员，紧急信息以短信或电话语音的方式推送到这部手机上，运维人员可以"全天候"处理。这样既做到了职责分明、人性化管理，也避免消耗不必要的人力和资源。

订阅时需要指定哪些参数？

数据订阅参数设置页面，如图 13-12 所示。其中，推送途径、订阅内容、推送时机是最基本的三个参数。

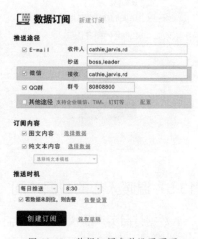

图 13-12　数据订阅参数设置页面

- **推送途径**可选择上文中我们提到的途径，还有一个附加选项是订阅接收者，例如推送途径为 E-mail 时，订阅接收者用一个或多个 E-mail 地址表示，可以像发邮件那样区分"收件人"与"抄送"；推送途径为微信或 QQ 时，订阅接收者用一个或多个微信号、QQ 号或 QQ 群号表示。

- **订阅内容**，格式可以是图文（如图表和表格），也可以是纯文本（类似报表中的文字描述）。内容格式可能会受推送途径的限制，比如 E-mail 更适合推送图文，而微信或 QQ 更适合推送纯文本。
- **推送时机**与任务调度平台设置周期的操作类似，控制每次向接收者推送数据的触发条件。

数据异常怎么办？

即便数据产品体系非常成熟，也难以保证 100%的无异常率。如果发生异常，那么订阅数据可能会无法按时推送，或者推送错误的数据。想象一下，对于关注度较高的数据而言，每天清晨老板和决策者们静静地守在微信前等待数据，结果数据迟迟未推送，或者"千呼万唤始出来"一堆异常数据，那将会多么尴尬！

数据订阅平台的**异常处理模块**可以应对这种场景。一旦发生异常，数据推送将自动暂停，并在第一时间向我们发出告警信息，以便跟进异常处理，做好向订阅接收者的解释工作。

思考以上问题，有助于我们更好地理解数据订阅类产品，以享受这种无形却温暖人心的服务。

13.6 万能的 SQL，灵活的即席查询

报表平台、Dashboard、用户分析、数据订阅，这些产品的一个共性是数据来自特定的数据源，且需要先行配置才能为大多数人所使用。对于那些不需要持久关注、查询频率较低或临时查询，同时又需要非常精确的数据，配置报表不仅没有必要，而且也不是一种高效的手段。这时通过即席查询来处理此类数据，一切将不再困难。

读一读

> 即席查询（Ad hoc[1] Queries）是数据仓库中的一个概念，这种查询方式允许使用者根据自己的需求，在能够触达的所有数据源中自定义查询条件和规则并获得查询结果。理论上只要数据充足，通过即席查询就可以实现任意需求场景的数据查询和分析。

---

[1] Ad hoc 是一个拉丁文短语，原义为"针对当下"，可理解为"为解决当前问题或任务设计的特定方案"，这种方案通常不适合推广至解决更宽泛的问题。

在引入 Hive[1]的数据仓库中，我们可通过执行 SQL 代码实现数据的即席查询，这里用的工具是数据仓库 IDE[2]，即为操作数据仓库提供的集成开发环境。IDE 具有图形化的主界面（如图 13-13 所示），并提供了三个主要模块。

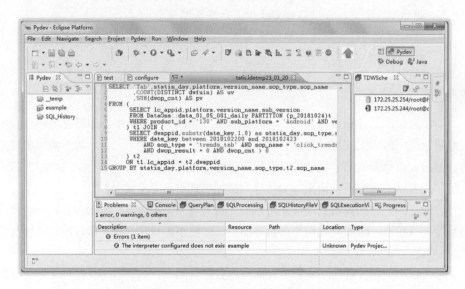

图 13-13　基于 SQL 的数据仓库 IDE 主界面

- 数据资源浏览器，用于浏览数据仓库中的数据表定义，以树状结构图展开每个数据仓库下包含的数据表，并可进一步展开每个数据表下各字段的定义。
- SQL 编辑器。我们在此编写的 SQL 代码，可以通过多种色彩高亮显示代码中的关键词和不同类型的表达式，且可以对关键字和数据对象进行自动补全提示，这些良好的交互功能可以有效提高编程效率。
- SQL 执行器为编写的 SQL 代码提供调试、执行和展示执行结果的功能。

如果对 SQL 编程不熟练怎么办呢？IDE 中提供的图形化 SQL 语句生成器（如图 13-14 所示），允许我们通过鼠标点选数据表和字段，设计查询并生成相应的 SQL 代码。不过这个生成器只适合生成那些基础的、相对简单的 SQL 代码，若要生成诸如具有多级联结的复杂代码，则效率远不如手工编写 SQL 代码的效率高。

---

[1] Hive 是美国 Apache 软件基金会推出的一款建立在 Hadoop 大数据架构之上的数据仓库解决方案，为数据汇总、查询和分析提供支持。
[2] IDE 即 Integrated Development Environment，集成开发环境，通常可为编程人员提供能够完成一切任务的软件套件。

第 13 问 数据处理好了，我可以享用哪些服务？

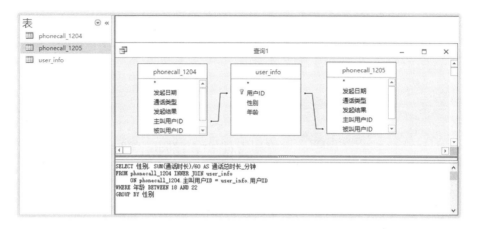

图 13-14 图形化 SQL 语句生成器

第 14 问　体验优良的数据产品有哪些表现？

用户体验是一个被产品经理们天天挂在嘴边的概念。实际上，几乎任何适用于用户产品的体验理论都适用于数据产品。相信你能很容易地找到讲解主流用户体验相关内容的书籍和资料。因此在讨论这一问前，我们约定：数据产品首先要在通用体验方面有良好的表现。接下来的内容将侧重于数据产品需要特别关注的用户体验。

> **扫一扫**
>
> 在讨论用户体验前，必须首先明确用户是谁。
> 想一想，数据产品的用户都有哪些人呢？扫一扫查看笔者的思考。

14.1　交互是体验的一部分

工作之外的时间也许你会与要好的同事就最近热门的 App 或运营活动进行一番讨论，言语间不乏这样的表达"这款 App 体验不错，操作简便，布局合理""这个运营页面的体验不好，用户很难知道去哪里查看抽奖结果"。这些表达中提到的"体验"实际上更侧重于对"交互"的描述，这与产品的交互更易被直接感知有很大的关系。

然而，**产品的体验与交互并非完全等同的概念。**

用户体验[1]（User Experience，缩写为 UX）一方面是一个比较主观的概念，它产

---

[1] ISO 9241-210 对用户体验的定义为：用户使用或预期一款产品、系统或服务产生的看法和反应。这包括用户在使用前、使用中和使用后所产生的情感、信仰、偏好、认知、身心反应、行为和成就。它同样指出影响用户体验的三个因素：系统、用户和使用场景。

生自用户对使用特定产品或服务的情感和偏好。[1]教育背景、宗教、文化、年龄等都可能是使用户产生体验差异的因素。另一方面，用户体验也是一个整合了多个维度的概念，良好的交互可以提升产品的用户体验，产品的功能、声望、安全性、官方对用户反馈的响应质量（俗称"售后"），甚至活跃用户数量、产品构建的生态等，都可以用来评估用户体验。试想一下，假设微信没有足够的活跃用户，我们在微信上找不到可以聊天的好友，朋友圈空空如也，微信支付也无法用来购买任何东西，纵然微信有出色的交互，同样无法给我们优质的体验。

而**交互**（或称人机交互，Human Computer Interaction，缩写为HCI）相对客观，它是指用户向产品传递请求并获得响应的过程及在这个过程中所涉及的可感知元素，围绕产品交互规划和制定方案称为交互设计。例如我们打开一款从未使用过的App，能够看到明确的"新用户注册"入口，并能够清楚地知道注册过程中每一个输入框和选项表示什么、是否填写或选择得当、产品是否接受了我们单击按钮的操作。如果注册能够顺利完成，那么至少说明这款App在新用户注册上的交互是及格的；相反，如果首次使用App，难以找到注册入口，或者注册过程使我们频生困惑，则产品的交互设计很糟糕。

产品通过交互建立起与用户互动的通道，通过客观逻辑建立用户的主观认知。用简单的语言概括一下，无论是用户产品还是数据产品，"良好的体验就是要让用户用着爽"。

14.2 别让我思考，值得强化的基础体验[2]

在数据产品的使用中，你和同事们或许曾这样抱怨：

"处理那些数据总让我心烦意乱，一不小心就搞错了数量级！"

"数据报表本身就够让我头大了，居然还需要遵守那些荒唐的规则！"

"什么？这个数据还要去另外一个平台上提取，这个平台我之前用过吗？为什么不能在报表平台上查询？"

……

不得不承认，由于数据本身的特性，细节上出现的差错的确容易招致令人不快的结果。当这种不快发生时，我们不妨站在数据产品经理的角度思考如何打磨数据产品的用户体验。

---

[1] 这也是为什么我们一般说"用户体验"而不是"产品体验"。体验来自用户与产品的互动过程，而非产品本身。

[2] 本节标题"别让我思考"目的是向Steve Krug所著的 *Don't Make Me Think* 致敬。该书中文版名为《点石成金：访客至上的Web和移动可用性设计秘笈》，由机械工业出版社出版。该书以轻松诙谐的语言从用户的视角论述了增强Web和移动App交互设计及用户体验的实战原则。

从一个有趣的名字开始

水果、蔬菜、动物、天文、神话……任何能够想象到的有趣的事物都可以用来给数据产品命名，虽然这不会影响产品的实质内容，却能让使用者更易接受和尝试使用，并避免让使用者频繁接触易混淆的术语。例如以"蓝莓报表""草莓画像""树莓调度""黑莓IDE"分别命名报表平台、用户分析平台、任务调度平台和数据仓库IDE。

> **读一读**
>
> 实际上，以类似的名称命名产品或作为项目代号，在软件行业并不罕见，比如操作系统 macOS 曾使用 Puma、Jaguar、Panther、Leopard 等猫科动物命名其历代版本[1]，而 Windows 系统的各版本也以诸如 Whistler、Longhorn、Vienna、Redstone 的名称为代号[2]。

产品图标和主题色

如果有人向你提起 Word、Excel、PowerPoint，相信你的脑海中首先会浮现蓝色的 W、绿色的 X 以及橙红色的 P——这分别是它们的主题色和图标，其次才是各软件的具体功能。反之，当我们需要处理数据时会自然而然地想到要使用那款绿色带有 X 图标的软件。与名字类似，图标和主题色同样会增强使用者对产品的主观认知，建立特定图标和颜色与对应产品的映射印象。

> **读一读**
>
> 近些年色彩心理学[3]的研究表明，不同的颜色会给人带来不同的感受和情绪，甚至会影响人们的行为，表 14-1 列举了几种常见的颜色带给美国人的感受。

表 14-1　几种常见的颜色带给美国人的感受

红	黄	绿	蓝	粉红	紫	棕	黑	白
强烈的欲望	竞争力	好味道	阳刚	精致	权威	粗糙	悲痛	高兴
权力	幸福	嫉妒	竞争力	真诚	富有经验	—	富有经验	真诚
兴奋	—	—	高品质	阴柔	权力	—	贵重	纯洁
爱情	—	—	企业文化	—	—	—	恐惧	—

资料来源：wikipedia.org

---

[1] macOS 即苹果电脑 Macintosh 的操作系统。Puma、Jaguar、Panther、Leopard 分别指美洲狮、美洲虎、黑豹、美洲豹，它们均被用于命名苹果电脑 Macintosh 的操作系统的某个特定版本。苹果公司曾先后以 Mac OS X、OS X 命名此操作系统，2016 年更名为 macOS，为构建系列性命名法则，用于其他类型智能设备的操作系统则以 iOS、watchOS、tvOS 等为名。

[2] 或许你很少听说 Windows 操作系统的代号，主要是因为这些代号通常只出现在微软公司内部和开发者社区。Whistler、Longhorn、Vienna、Redstone 等分别是 Windows XP、Windows Vista、Windows 7、Windows 10 等特定版本的代号。

[3] 色彩心理学（Color Psychology）是研究色彩作为人类行为决定因素的心理学分支，更多内容可参阅 https://en.wikipedia.org/wiki/Color_psychology。

依据色彩心理学的理论，以蓝色作为报表平台的主题色，而以红色作为用户分析平台的主题色。前者带来的轻松感可让使用者更有耐心进行复杂的数据查询；后者则可以激发使用者深入挖掘用户痛点和分析用户需求的热情。

一个数据产品仅提供一个明确的用途

哆啦 A 梦（Doraemon）的神奇口袋，无论何时何地，总能取出解决问题的道具，几乎每一种道具都有明确的用途。若从产品维度评判这些道具，它们在用户体验上无疑是可取的。每一个数据产品均应被设计为有明确用途、解决与之相关问题的一套方案。一方面便于开发、推广和维护数据产品，另一方面也提升了使用者在数据产品中的行为和产生结果的可预期性。

交互状态的及时反馈

试想一下，当我们在一份报表中精心地筛选了条件，满怀期望地单击"查询"按钮后，结果却是一片空白，无论重试多少次都是同样的效果，那么除了挫败感，还会产生怎样的想法？"是我的电脑或网络出故障了吗？""是我的筛选条件有错误吗？""难道是报表平台的服务器宕机了？"总之，这些情况会让我们茫然。这就需要数据产品在交互的过程中提供即时反馈，让使用者知道"已被系统接受，只要耐心等待即可"，常见情况的应对方式如下所示。

- 在报表中筛选并提交查询后，数据完全加载之前给出"正在查询"的提示，并禁止使用者重复单击查询按钮。
- 报表在筛选后若没有可供展示的数据，应给出"数据暂缺"的提示，而不是呈现区域空白；如果能判断出原因，还可以补充在提示文案中。
- 对于被迫中断的操作应允许使用者重试，尤其是网络或服务器原因导致的中断。

Web 前端优化策略的应用

数据应用层的 Web 产品（如报表平台、Dashboard），可以用已经被实践证明有效的优化策略来提升页面的加载和响应效率。已被实践证明有效的优化策略如下所示。

- 控制 HTTP 请求数。
- 缩小下载文件的大小。
- 合理使用浏览器缓存。
- 优化会话超时的行为。

- 使用响应式设计。

读一读

响应式网页设计（Responsive Web Design）是一种 Web 前端布局技术，它能够根据使用者的设备类型和屏幕尺寸自动调整页面元素的布局，让使用者无论在何种设备上都能获得良好的视觉体验。例如，AdminLTE 在大屏幕上以浏览器最大化窗口展示时，导航、通知栏都以最完整的布局展示，且图表会以两栏排列，如图 14-1（a）所示；在稍小的屏幕上导航、通知栏保留，图表区域变窄，且以单栏方式布局，如图 14-1（b）所示；如果屏幕进一步变小，或以手机浏览，则变为适合纵向浏览和触屏操作的布局，如图 14-1（c）所示。

（a）大屏幕电脑

（b）小屏幕电脑　　　　　　　　（c）手机

图 14-1　AdminLTE 的响应式设计

14.3 别让我孤单,多方位的支持服务

对大多数使用者而言,数据产品的逻辑总是错综复杂,他们通常也会在遇到问题的时候找数据团队成员询问。假设你是数据产品经理,很可能成为使用者的咨询对象,这就使你还要分一部分精力充当数据产品的客服——这几乎不会是你正常工作的内容,也不会计入你的个人绩效,且更糟糕的是,一旦这种"帮一下忙"的事情成为常态,你会变成团队的"消防队员",频繁忙于解决不重要但紧急[1]的事务。因此体系化支持服务也是数据产品必要的"配套设施"。

在当下数据产品普遍存在的使用门槛被突破前,建立支持服务体系是必不可少的,也是提升用户体验的重要手段。我们接触的数据产品也许只供公司内部使用,虽然公司不太可能为数据产品配备专职的客服小组,却不妨碍我们用其他手段建设多方位的支持服务。

嵌入式指引

在第一次使用某款新产品时,你一定遇到过类似图 14-2 或图 14-3 的新手指引,这种直接在产品界面上展示的指引称为嵌入式指引,它可以针对当前操作的场景向用户提供最及时的帮助。合理运用嵌入式指引可在一定程度上为使用者建立无中断、无挫折的使用体验,降低数据产品的学习成本。

图 14-2 百度理财网站的嵌入式指引

---

[1] 这个概念来自艾森豪威尔时间管理法,即把待处理的事务按紧急度与重要性分列到重要且紧急、重要但不紧急、不重要但紧急、不重要且不紧急四个象限,每个象限中的事务都有特定的处理方式。

图 14-3　腾讯云网站购买云服务器页面上的嵌入式指引

使用文档与 Wiki[1]

随着我们对用户体验要求的不断提升，"使用文档""使用说明书"等似乎已经在用户产品中销声匿迹了，然而它们在数据产品中还有存在的必要。虽然嵌入式指引能够以更好的体验为使用者提供绝大多数的帮助与支持，但它仅适用于有用户界面的数据产品（如任务调度平台、报表平台），而那些不具备用户界面的数据产品（如数据采集组件、订阅渠道配置）要想让使用者用得明白，仍要依靠文档的指引。考虑到使用者查阅文档通常是以解决某个特定问题为目的，他们更希望在最短的时间里找到所关心的内容，而不是像学习理论课本那样从头学到尾。因此，数据产品使用文档应以动态、可交互的形式规划。

- 面向新手的快速入门视频。这些视频的作用类似于嵌入式指引，帮助使用者（特别是新手）对数据产品快速建立系统化的认知。
- 面向全体的 FAQ。FAQ 即 Frequently Asked Questions，常见问题解答。收录数据产品中经常被普遍关注或提及的问题，并以"问题+答案"清单的形式展示出来。
- 面向角色和场景的动态文档。文档网站根据使用者的角色列出各种场景，由使用者根据当下的需求选择场景以查看详细的文档内容。面向角色和场景的文档网站的目录页，如图 14-4 所示。
- 文档搜索引擎。使用者通过关键词来表述期望得到的帮助，由文档搜索引擎给出合适的搜索结果。

随着数据产品的不断迭代，文档也将面临更新与维护的问题。实践中常把文档体系建立在 Wiki 上，数据产品团队成员甚至是使用者都可以参与文档的更新与维护，让数据产品的文档随日常工作逐渐积淀。

---

[1] Wiki 即多人协作内容创作网站，类似百度百科、维基百科（Wikipedia）的形式。任何创作参与者都可以在 Wiki 上发表新的主题，也可以编辑由他人创建的主题。Wiki 会对每一个主题的每一次编辑进行记录，可随时浏览某个主题的编辑迭代过程或回滚到某个早期版本，因此不必担心因参与者失误导致内容被改错。

图 14-4　面向角色和场景的文档网站的目录页

反馈与人工服务

然而，不理想的事情总会频繁发生——使用者经过努力无法自助解决问题，或者出于种种原因，使用者甚至根本不会尝试自助解决问题——这时就需要一个渠道供使用者反馈他们所遇到的问题及期望得到的解决方案。无论是留言板、论坛，还是即时通信、热线电话，都需要长时间的人工介入。正如上文讨论的，如果由一位数据产品经理承担这些琐碎的工作，则会使其职责本末倒置。因此，合理规划反馈与人工服务机制是保障人工介入服务良性发展的基础。比如，在没有条件设立专职客服人员的情况下，可以建立值班制度，安排数据团队每一位成员轮流值班来提供人工服务。

培训与讲座

定期或不定期组织培训，对于具有使用门槛的数据产品来说通常既可起到指导使用者的作用，也能发挥一定的产品推广效果，甚至还可以借培训之机收集使用者的反馈。虽然培训和讲座具有良好的视听效果，考虑组织成本和参与成本，故不宜频繁举办；且培训内容涉及的理论多于实践，不能期望使用者能够通过培训掌握数据产品的一切操作。因此，上文讨论的几种支持服务仍占据主导地位。

14.4 别让我犯错，严格对待权限与安全

在大多数情况下，数据不仅是商业机密，而且涉及用户隐私。不恰当地使用或传播这些数据，既危害企业又伤及用户，尤其在互联网行业及用户对数据安全日益敏感的当下，我们隔三岔五就会耳闻类似"××公司/产品涉嫌泄露用户隐私或惹上官司""A 公司因其××产品窃听 B 公司××产品的用户数据被 B 公司控诉"的消息。在数据产品与使用者构建的生态中，数据泄露也是稍不留神就会发生的，且不见得是有人故意为之，比如出于好奇或不经意地查看并下载了职责范围以外的数据，或由于偶然的机会使这些数据流向了公开的场合，导致难以预测的后果。在这种情况下，数据产品的安全问题就要格外关注，尽最大可能不把犯错的机会留给使用者。

权限管理是保障数据安全的基础手段，也是数据产品的基础模块之一。数据产品权限管理工作一般包含以下四个环节。

首先，建立和维护使用者的账号。账号主要用于识别使用者身份、记录使用者的权限和申请审批流水，实现数据产品的实名化。

其次，规划数据产品及其功能和模块的使用权限。一款数据产品及其功能和模块，哪些可以匿名使用、哪些全体员工均可以使用、哪些只向特定员工开放，这些都需要同数据产品一起规划。

再次，为使用者分配权限。权限的分配和管理通常遵循以下几个原则。

- 松散绑定原则，基础权限不与个人绑定。将基础权限与使用者的部门、职级（实习生、正式员工、各级管理人员等）、职位（工程师、产品经理、市场经理等）绑定，而不是与使用者个人绑定。这样，当一名使用者的任职情况满足条件时，会自动获得相应的基础权限，当任职情况发生变动时，同样会自动增减相应的基础权限。
- 黑名单原则，用于禁止特定使用者获得特定的权限。
- 申请审批原则，特殊权限必须由使用者主动申请且通过审批后才能获得。
- 权限最小化原则。这里的"最小化"包含两层意义：第一层是在满足工作需要的前提下，单个使用者应拥有数量尽可能少、级别尽可能低的权限；第二层是新增权限影响的范围要尽可能小，比如，如果给特定的使用者授权即可满足需求，那就不应当给一个团队的全部员工授权。

最后，权限回收与账号清理。权限和账号有授予和创建过程，就要有回收和清理过程。最常见的场景莫过于员工调整岗位或离职。

借着这一问，我们讨论了数据产品的用户体验，你可以尝试将它们与互联网产品通用的体验优化手段相结合，建立对数据产品用户体验的独特认知。

第 14 问 体验优良的数据产品有哪些表现?

也许你会觉得,除那些作为云服务对外销售的数据产品以外,数据产品主要面向企业内部,似乎没有太大必要在用户体验上耗费工夫,我们总可以通过培训和频繁优化使大多数同事接受。然而,我们都是互联网行业的从业者,面向内部人员也就意味着面向最挑剔的使用者,从这个角度看,我们无法忍受粗糙的数据产品。相反,如果一味认为"内部系统不存在竞品,总会有人使用",那么最后的结果很可能是整个数据团队在企业中失去价值。

你已完成本单元的修炼!
扫一扫,为这段努力打个卡吧。

第三单元
立足当下,如何轻松实践数据化运营?

第 15 问 　怎样快速树立数据化运营思维?

第 16 问 　数据啊,数据,我的产品怎样才能成功?

第 17 问 　怎样制定合适的数据上报策略?

第 18 问 　哪些用户数据值得收集?

第 19 问 　怎样为数据赋予运营的意义?

第 20 问 　怎样对待未登录用户和小号用户?

第 21 问 　为什么要进行用户建模和用户分层?

第 22 问 　怎样精确控制 A/B 测试?

第 23 问 　数据是怎样推动产品灰度发布的?

第 24 问 　"随机播放"为什么让用户感觉不随机?

第三单元脉络图

全彩清晰版见彩插

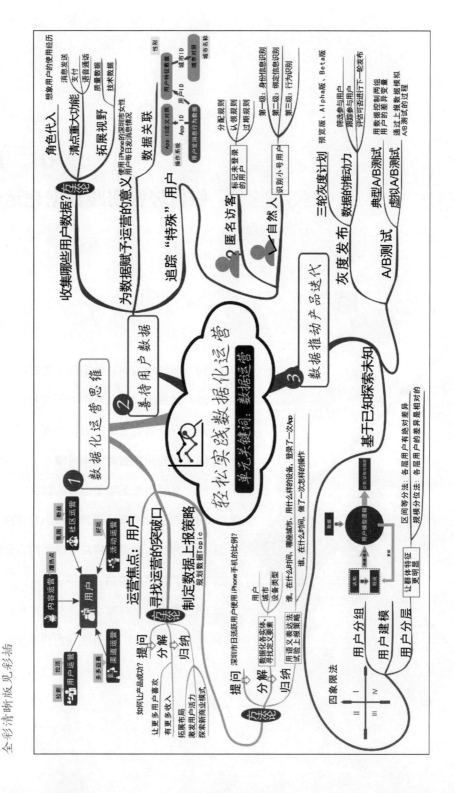

第 15 问　怎样快速树立数据化运营思维？

数据化运营通常是指运用数据为产品制定并实施运营决策的过程。起初这只是互联网产品运营的一种辅助手段，随着互联网产品的不断丰富，用户规模突飞猛进，大数据的价值得以展现。如今，以数据驱动运营已经成为产品运营的主流方法。这听起来非常酷，却千头万绪，作为产品经理，怎样才能快速且系统地树立数据化运营思维呢？

15.1　认清运营的焦点：用户

在实习初期，笔者曾对组织结构的划分感到惊讶——一个总共不超过 15 人的运营团队竟被划分为用户运营、内容运营、社区运营、活动运营、渠道运营等多个小组（如图 15-1 所示），每个小组有 3～4 人，有时还会有人被临时抽调至其他小组做事情。

图 15-1　各种运营的焦点都是用户

读一读

通过名称大致可以了解每个小组的运营侧重点，然而，这些各式各样的"运营"的目的几乎都是力求扩大产品的影响力，让更多用户喜欢我们的产品。

用户运营——关键词"拉新"和"拉活"[1]。建立用户分层运营体系，直接或间接与用户建立交互，同时可以开展用户研究。也会根据需要开展针对活跃用户、特定群体用户、流失用户等的专项运营。

内容运营——关键词"蹭热点"。撰写文稿或挖掘用户产生的内容，整理成一篇篇的热文，通过官方媒体（如资讯平台、微信公众号、微博等）推出，吸引用户自发传播，在激发用户活跃度的同时将一定数量的潜在用户引入产品。

社区运营——关键词"氛围"和"粉丝"。在论坛、聊天群组、贴吧、知识问答等以非熟人关系构建的用户互动平台中引导用户进行内容互动，不断产生有助于塑造产品口碑的内容，营造活跃和谐的社区气氛。常见的手段有建立以标杆用户为中心的粉丝群体，设立并引导热点话题、制定社区规则及荣誉体系等。

活动运营——关键词"好玩"。通过策划有趣的活动吸引新老用户积极参与、分享，拉动产品增长。参与运营活动的用户通常能够获得特别的奖励，如额外的积分、优惠券、免费的增值服务以及实物奖品。活动运营也常伴随着商务合作。

渠道运营——关键词"多多益善"。渠道主要是指用户获取产品的渠道，如应用商店、手机厂商的内置。渠道运营一方面是渠道的拓展，让产品有更多的机会与不同用户接触；另一方面是提升产品在每个渠道中的曝光度，如竞争应用商店的排行榜头位以提高产品知名度。

不难发现，每个小组的运营最终都避免不了跟用户打交道，即便是看似与用户无关的渠道运营，也必须要通过用户在各渠道中的响应来体现运营的价值。这样划分运营小组确实能够起到明确分工、提高专注度和工作效率的效果，然而也会引发资源重复消耗和重复运营的偶然事件。

 读一读

2017年中的一天，笔者收到一家共享单车公司的运营短信"2元购买包月卡"，由于笔者是共享单车的高频用户，因此萌生了"薅羊毛"的心理，毫不犹豫地单击短信中的链接并付费购买。笔者为这次的"占小便宜"沾沾自喜了几天，直到几天后又收到这家共享单车公司的另一条运营短信"联通用户免费领取包月卡"，而再次领取的月卡与之前购买的月卡存在时间上的重合，不能够延长有效期。笔者瞬间感到交了"智商税"——尽管只有2元钱。

显然，前一条短信是针对全体活跃用户做的运营，而后一条则是这家共享单车公司与中国联通合作开展的针对联通用户的运营，笔者均被命中。后来，笔者向一位在这家共享单车

---

[1] 拉新即为产品引入新用户，拉活即提升产品用户的活跃度。

公司工作的朋友"吐槽",他表示,这是来自两个不同的运营小组的运营方案在实施时间上"撞车"导致的。

较短的时间间隔对重合度较高的多个用户群体开展相似的运营,其运营效果必然会大打折扣。鉴于此,我们可以预见,无论哪个方向的用户产品运营都以用户为焦点,数据化运营中几乎所有数据均产生自用户行为。

认清这一点,是树立数据化运营思维的关键。我们将用户相关的各维度的概念内化在本单元接下来的讨论里。

15.2 理解用户数据的六步循环

当把一切运营都聚焦在产品的用户上时,我们就会自然而然地执行类似这样的流程:

- 通过产品中的数据机制捕捉用户行为,发现用户的潜在需求;
- 针对潜在需求制定并实施产品运营方案;
- 对比方案实施前后的数据,评估用户反馈和运营效果。

这个流程**始于数据**也**终于数据**,而一轮运营的结果数据又会成为下一轮运营的初始数据,这是一个循环过程,也是数据化运营的整体形态。将这一形态以数据微观视角审视,则展开为用户数据依次经历**产生**、**收集**、**处理**、**呈现**、**分析**、**沉淀**的循环过程(也称为**数据化运营生命周期**),如图 15-2 所示。

图 15-2 六步循环构成数据化运营的循环过程

- **产生**,数据从无到有的步骤。对于以用户为焦点的数据化运营而言,**用户与产品的交互行为是数据产生的前提**。如用户在应用商店中下载和评论产品,会产生渠道数据;用户运行产品程序,会产生各种日志数据;用户登录产品、单击功能中的热点区域等,会产生具有广泛用途的用户行为数据;用户购买增值服务,会产生收入相关的数据。

- **收集**，将产生的数据由客观世界引入计算机世界的步骤。数据产生自瞬间，需要通过各种手段把它们及时收集起来才能成为对我们有用的数据。这一步很容易使我们联想到数据产品体系中的采集层（参阅第 10 问），实际上，用户产品的数据收集工作通常会在技术上与数据产品体系中的数据采集组件对接。
- **处理**，这是将收集的数据进行规范化、逻辑化处理的步骤，为数据的呈现和分析做准备。用户产品的数据处理通常也是通过数据产品体系的处理层，结合用户产品的规范与逻辑实现的。
- **呈现**，以友好的形式展示数据，便于我们进一步分析。呈现也意味着**数据能够被我们直观地获取**，这就需要借力于数据应用层的各种数据产品，如报表平台、用户分析平台。
- **分析**，对数据进行全面解读和分析，并挖掘其中蕴含的意义。数据分析一般会被认为是**数据化运营最关键也是最具技术含量的一步**，这也是为什么很多团队会设立专职数据分析师的原因之一。除了由人对数据进行分析，随着数据量级的增长和人工智能技术的发展，机器学习在数据分析中也发挥着日益重要的作用。
- **沉淀**，通过分析数据，将挖掘到的信息与产品现状结合，落实为产品及运营方案，进而促进产品的综合增长。

经历这样一轮循环，数据转化为产品的优化策略或运营方案，对产品产生了实质性影响。这些影响是正面的还是负面的，对产品的提升是否符合预期，有没有新的问题浮现，是否还存在进一步提升的可能性等问题就需要投入下一轮的循环过程来求证和解决。

15.3 明确数据化运营与数据产品体系的关系

也许你会觉得，数据化运营生命周期与数据产品体系（参阅第 8 问）非常相似。这是因为，在实践中，用户数据的六步循环会**以数据产品体系的四级层次为支撑**（如图 15-3 所示），然而二者是两个彼此独立的理论模型。无论是在概念上，还是在实践应用中，二者均不可混淆。与此同时，前者为用户产品提供了一种运营规范，而后者则主导了数据产品的构建、实施和运作。

第 15 问　怎样快速树立数据化运营思维？

图 15-3　数据化运营过程对数据产品体系的依赖

第 16 问　数据啊，数据，我的产品怎样才能成功？

提出问题并尝试分解回答是贯穿本书的讨论方法，这种方法不仅能够帮助我们将一些抽象问题具体化，还可以让我们重新审视问题的逻辑框架，从而发现解决问题的突破口。对一款产品的数据化运营同样可以始于提问，整个过程有三步，接下来我们逐一讨论。

16.1　感性地提出一个问题

首先是提出目标问题，也就是我们想知道的，或者希望通过运营实现的最终效果和要解决的问题。无论这个问题有多么天马行空，只要能够运用数据理性地回答它，并帮助我们加深对产品当下和未来的了解，这就是一个有意义的问题。

还是以一款社交 App 为例，假设产品已经具有一定的用户规模，但尚未达到理想中的水平，那么我们可能会提出这样的问题：

　　怎样才能让产品成功？

第一步的提问已经完成，当然，与之类似的问题还有"怎样在竞争中胜出？""怎样保持产品的竞争力？"等。这些问题的提出可以基于现象或构想，并不见得一定要有事实依据，只要有进一步求证和回答的意义即可。

16.2　将问题分解为能够量化的指标

"怎样才能让产品成功？"显然是个既抽象又感性的提问，一定会有人想到借鉴行业中的成功案例或前人的"干货"，要么侃侃而谈，要么"移植"到自己的产品中准备大干一番。然而这样做不仅缺乏理性，也很容易让产品的运作偏航。因此，**第二步要先将问题逐步分解为可量化的指标**，才能在后续步骤中更有针对性地回答提问。

既然提问的关键词是"成功"，那么就需要明确：我们的产品怎样才算是"成功"呢？

最容易想到的两点或许是："让更多用户喜欢"和"有更多的收入"。

这样原始问题就分解成了两个问题，分别锁定"用户"与"收入"这两个维度。

对于"用户"维度，进一步思考怎样才能体现"用户喜欢"

不妨通过每日活跃用户规模，以及用户群体多样性来体现"用户喜欢"。

考虑每日活跃用户规模，就需要明确产品中"活跃用户"的定义。

> **读一读**
>
> 举例而言，在社交 App 中，当一个用户成功登录后，在一天内进行过以下操作之一，且累计不少于3次，即计为当日活跃用户：
> - 查看3条他人的动态[1]；
> - 给他人的动态点赞或评论1次；
> - 发表1条动态；
> - 向他人发送1条即时消息；
> - 进行个性化设置1次；
> - 使用支付功能完成1笔交易。

考虑用户群体多样性也要对"多样性"及达标条件做出定义。顺便一提，社交 App 的用户群体多样性可以体现在用户的年龄分布、城市分布、职业分布等方面。

用户维度涉及的指标涵盖用户在产品中的操作行为和用户的个人资料。前者包括查看他人动态、点赞、评论、发表动态、向他人发送消息、进行个性化设置、使用支付功能等；后者则包括年龄、城市、职业等信息。

对于"收入"维度，进一步思考"怎样获取收入"，即产品收入的构成

社交类产品的收入一般有两个主要来源：面向用户的增值服务和面向第三方的商务合作。

相信你对二者并不陌生，尤其是增值服务，而后者则可能又包括广告收入和支

---

[1] 这里的"动态"可理解为类似微信朋友圈中好友发布的图文内容。

付通道费[1]。

收入维度涉及的指标涵盖用户的付费行为和产品通过商务合作获得的收入情况。

16.3 理性地回答问题

经过上述分解，对于应在产品中采集和观测的数据就具备了可操作性。数据随着产品的运作而产生，第三步便可以用数据填充各指标，最终汇聚为可以回答初始提问的答案。

假设经过填充的指标是这样的：

> 日活跃用户数约 1,500 万个，有超过 80% 的用户分布在 18～30 岁年龄段，来自一线城市，以学生和白领为主要职业；会员用户占比约为 10%，近一年会员营收约 6,000 万元，商务合作营收约 3.2 亿元，总营收约 3.8 亿元。

以现状数据为基础结合产品战略和市场行情，我们可以尝试回答两个维度的问题。

回答"让更多用户喜欢"的问题

一方面激发更多活跃用户，那么我们的目标将日均活跃用户数提升至 5,000 万个，即比当前增加约 2.3 倍；另一方面让用户分布更广，那么我们需要考虑产品在二线城市的布局，并接纳有条件使用移动互联网的更多职业人群。

回答"有更多的收入"的问题

如果我们的商业计划是在未来年度营收突破 10 亿元，那就意味着要比当前增加 6.2 亿元。从众多用户中提高会员转化率虽然能为收入带来一定的增长，但限于社交 App 的产品性质，这种收入的提升非常有限。假设会员用户比例不变，上一问题的活跃用户数增长率可近似等同于会员营收的增长率，即增加 1.4 亿元，剩下的 4.8 亿元则需要通过商务合作或者拓展其他商业模式获得。

最终回到初始问题并给出回答

回答"怎样才能让产品成功？"从用户和收入两个方面入手。

用户方面，对主要的二线城市进行布局，拓宽用户的职业分布，激发用户在聊天、

---

[1] 支付通道费是指支付交易发生后由支付平台向商家收取的费用。例如用户通过微信或支付宝购买商品，那么商家实际收到的金额会略少于用户支付的金额，这个差额通常即为微信或支付宝收取的支付通道费。

动态、支付等功能上的活力，以日活跃用户数达 5,000 万个（约增长 2.3 倍）为量化目标。

收入方面，以推广商务合作为主要手段，在继续拓展广告与接入支付商户的同时，探索新的商业模式，以实现年度营收突破 10 亿元（约增长 1.6 倍）的目标。

图 16-1 展示了整个过程的思维导图。

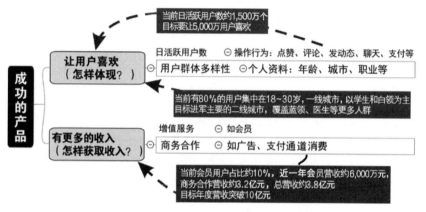

图 16-1　从问题到指标再到答案的思维导图

也许你会觉得，这样的回答似乎并没有令人兴奋，也没有给出具体的执行方案。没错，基于已有的数据和信息，我们能给出的答案是有范围的，不过，仍值得留意的是，我们已经通过回答问题明确了产品的现状，也知道了与理想的差距，这些信息能使我们有效评估实现目标的难度，以及发现可能的着眼点。进一步的落实仍需相应的产品方案、商务策略，甚至是公司人力资源计划等的全面跟进。

通过上文的案例我们很容易发现：从问题到指标是将初始问题不断分解、细化的过程；而从指标再到答案，则是用分析过的数据不断归纳、还原的过程。两个过程刚好形成了"先分解再整合"的模式。而介于分解过程与整合过程之间的，就是产品开发所要做的，这包括产品内数据策略和产品功能的开发，其中产品内数据策略为数据化运营提供核心动力。

第 17 问　怎样制定合适的数据上报策略？

无论是新产品还是已有产品的新功能，都不可能等到上线后才去着手收集数据，那样不仅会丢失早期的关键数据，也会让我们对上线后的突发问题措手不及。因此，数据上报策略通常会随产品一同策划并上线。然而，产品上线前，可供参考的信息十分有限，这时要怎样制定合适的数据上报策略呢？

17.1　大声说出你想了解的内容

从产品经理的角度看，**制定数据上报策略可理解为规划各种数据 Topic[1]及数据定义的过程**。产品产生的数据将依照数据 Topic 定义的规则接入数据产品体系，进而展开后续步骤。数据 Topic 比较抽象，以至于常让我们感到无从下手，此时，不妨利用我们的老办法——从提问开始，大声说出你想了解的内容。

假设我们要面对一款全新的社交 App，不难设想一个针对特定地域、特定人群的常规的运营活动场景，此时，我们会希望了解：

　　　　在每天活跃的深圳市用户中，有多少人使用的是 iPhone 手机？

这个问题至少包含了用户、城市、设备三个数据实体[2]，**针对每个数据实体各提一问**：

---

[1] 数据 Topic 可用于表示数据上报的逻辑结构，详见第 9 问。
[2] 一个数据实体可理解为用各种数据化特征表述的一类事物，这些特征即数据实体的属性。如城市作为数据实体，可以用城市名、所属省份、地理坐标等特征表述。

用户怎样定义？

怎样确定并表示用户的所在城市？

怎样确定用户使用的是 iPhone 手机？

这就涉及了对各数据实体的数据化。

17.2 数据化各实体，寻找定义要素

用各种数据特征来表述一个数据实体即为数据化，我们能够借助这个过程，寻找定义数据 Topic 的要素。

用户怎样定义

用数据定义一位用户的方式有很多，例子如下。

- **产品账号**。用户在产品中完成注册会生成一个账号（如 QQ 号），并常以用户名和密码来验证身份。
- **快捷登录账号**，也称第三方认证账号。像很多产品那样，允许用户使用自己的微信、QQ、微博账号等进行登录，在登录时会指引用户转向微信等平台进行授权。
- **手机号**。对于只能通过手机号注册或者必须绑定手机号的产品，可用一个手机号代表一个用户。
- **设备号**。在手机 App 中，通过能够标识手机设备唯一性的编号（如 IMEI[1]）来定义用户，一个设备号代表一个用户。
- **身份证号**。对于收集用户身份证号合理合法的产品可以用身份证号定义用户，但这只能针对中国居民的用户群体。

考虑到我们的社交 App 有独立的用户登录机制，且绑定手机号不是必需的，故以产品账号定义用户。由于用户在完成注册后，后台会分配一个规则一致且不会重复的用户 ID 与该账号关联，因此我们将在数据 Topic 中以用户 ID 作为产品账号的抽象标识。

怎样确定并表示用户的所在城市

如果产品不要求用户填写个人所在城市，那么地理位置定位（如 GPS）、网络的

---

[1] IMEI 即 International Mobile Equipment Identity，国际移动装备标识，是每一台手机及其他需要连接 GSM 网络或卫星网络的设备在全球的唯一性编码。在大多数手机中，通过拨 "*#06#" 可查看该手机的 IMEI。

IP 地址、手机号归属地、证件所在地、消费信息等都可以用来判断用户的所在城市，表 17-1 列举了它们各自的优劣势。

表 17-1 可用于判断用户所在城市的信息对比

信息项	判断原理	优 势	劣 势
地理位置定位	通过智能手机的定位功能获取用户所在地理位置的经纬度坐标，从而对照出所在城市	定位精准，不需要增加额外的交互，不必借助复杂的算法	仅适用于智能设备，需要用户授权，通过特殊手段可以篡改定位信息，利用不当会泄漏用户隐私
网络 IP 地址	通过设备联网的出口 IP 地址，结合 IP 地址与地理位置对照表，判断所在城市	不需要增加额外的交互，不必借助复杂的算法，不需要额外授权	定位精度依赖于对照表的质量；如果用户使用了网络代理，接入了 VPN[1]或特殊网络，则会干扰判断
手机号归属地	根据用户绑定或提供的手机号，结合运营商手机号段归属地分配表，判断所在城市	不必借助复杂的算法，对用户设备无特殊要求	必须向用户索取手机号；如果用户使用异地手机号或携号转网，则会干扰判断；利用不当会泄漏用户隐私
证件所在地	根据用户实名认证或提供的证件信息判断所在城市，如身份证号前 6 位、银行卡号前若干位[2]	不必借助复杂的算法，对用户设备无特殊要求	必须向用户索取证件号码或银行卡号码；干扰因素较多，如身份证号只能判断用户首次落户时的城市，但这往往并非用户当前所在城市；利用不当会泄漏用户隐私
消费信息	用户使用产品的支付功能进行线下消费，通过交易的商户判断用户所在的城市	能够较准确地判断用户在多个不同城市的迁移，可以同时获知用户的消费行为	产品必须有支付功能，且用户必须频繁参与消费行为，对线下商户网点的覆盖率有很高的要求；若要提高定位精度，需要依靠相对复杂的算法
个人资料	由用户主动填写自己所在的城市	获取成本较低，不必借助复杂的算法	必须要求用户填写个人资料，如果用户不填写、乱填写或发生变更后未及时更新，则直接导致信息无效

城市的数据表示可以参照用户，即为每个城市定义唯一的**城市 ID**。通常可借用官方现行的方案，如电话区号、邮政编码、国家行政区划代码[3]等。

在我们的社交 App 中，不妨**优先采用地理位置定位确定用户所在城市**，若用户未

---

[1] VPN 即 Virtual Private Network，虚拟专用网络。通过互联网建立虚拟隧道连入的远程专用网络，大多数场景也称为虚拟局域网。VPN 目前主要用于远程办公（访问企业内网）、组建跨区域的专用网络，也偶尔用于网络加速和科学上网等场景。

[2] 标准银行卡号由 6 位 BIN（Bank Identification Number，即银行识别码，由 ISO 统一分配）、6～12 位银行自定义码及 1 位校验码组成。通过 BIN 可判断银行卡的卡组织、发卡行及卡类别，而银行自定义码则通常包含了开户网点信息。

[3] 国家行政区划代码官方名称为"统计用区划和城乡划分代码"，由国家统计局制定（参阅 http://www.stats.gov.cn/tjsj/tjbz/tjyqhdmhcxhfdm），可精确到居/村委会，代码前 6 位的定义规则与居民身份证号码的基本相同。电话区号的限制是只能精确到市级行政单位且存在多个城市共用同一区号的情况（如西安市和咸阳市的区号均为 029）。另外，ISO 3166 为世界各国和地区定义了标准名称和代码，可作为跨国产品中相关数据定义的参考。

授权或定位失败，则以 IP 地址作为备选。引用行政区划代码的前 4 位作为城市 ID，精确到市级行政单位。对于国外城市暂以 9999 为城市 ID，对于未知的城市暂以 9998 为城市 ID。

怎样确定用户使用的是 iPhone？

我们要先明确这里的"iPhone"是指设备的形态，还是指设备的操作系统。与前者并列的还有 iPad、Android 手机、Android 平板电脑等；而后者实质是指 iOS[1]，与 Android 并列。

由于我们的社交 App 仅面向 iPhone 和 Android 手机发版，重点考虑的是手机上的用户体验，即便少数用户会拿平板电脑安装手机 App，也可暂被当作手机用户对待。因此，这里的"iPhone"在概念上等同于"iOS"，即表示手机的操作系统，因此只要根据用户使用的安装包就可以区分了[2]。

至于手机设备的数据化表示，像城市那样定义一种 ID 来区分不同类型的设备是可行的。当然，考虑到在日后的产品运营中，设备类型较所在城市会被更频繁地用于用户划分和数据分析，**直接使用诸如"iOS""Android"这样的文本来表示会更直观**。

除了操作系统，收集用户设备的部分附加数据，可以用来划分特定用户群体，了解用户持有设备的现状，协助优化产品的兼容性。例如，参考手机型号和硬件配置可大致估计用户的消费水平，根据用户设备系统版本、硬件配置等调整产品的兼容性，根据 iOS 是否越狱[3]组织一部分使用已越狱 iOS 设备的活跃用户参与内部测试。最终我们选择请求并收集用户设备的品牌、机型、屏幕分辨率、iOS 是否越狱等附加数据，以便日后的产品改进与运营。

图 17-1 梳理了上述一系列的"自问自答"，我们归纳用户、城市、设备三个数据实体的要素如下，这些要素将落实为数据 Topic 中的字段。

- **用户**：用户 ID（文本）。
- **城市**：城市 ID（整数）。
- **设备**：操作系统（文本）、品牌（文本）、机型（文本）、屏幕分辨率（文本）、iOS 越狱（整数，以"0"表示未越狱，"1"表示已越狱）。

---

[1] iOS 即在 iPhone 和 iPad 上运行的操作系统。
[2] 开发 iOS 和 Android 的 App 要使用不同的开发环境，且最终生成的安装包格式也相异（前者的文件扩展名为 ipa，后者为 apk）。因此，通过安装包判断用户的手机操作系统几乎不需要额外的开发工作量。
[3] iOS 越狱（iOS Jailbreaking）是指通过技术手段，破解 iOS 设备（如 iPhone、iPad、iPod）的权限机制。这样做最常见的目的，是使设备能够安装未通过 App Store 官方认证的 App，或免费获得需要付费购买的 App。注意，iOS 设备越狱后存在较多的安全隐患，且构成盗版侵权，甚至会触犯法律，因此不提倡这样做。

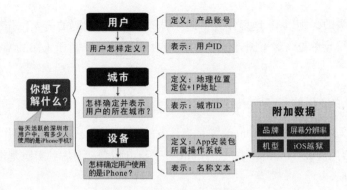

图 17-1　从提问到数据化思维导图

17.3　用语义表达法试验上报策略

看原始问题"在每天活跃的深圳市用户中，有多少人使用的是 iPhone 手机？"若要最终回答，仍需用数据来表达两个事实。

- 第一，**用户登录数据**，用于表达用户"登录 App"这一事实。
- 第二，**用户行为数据**，用于界定用户活跃与否的事实。

先来分解一下用户登录数据。我们的社交 App 并不会要求用户每次打开都进行身份验证——用户在首次登录进行过身份验证后，如果用户不主动注销登录，且在当前设备和系统中保持一定的使用频率，则后续打开 App 不需要进行身份验证（像微信和 QQ 那样）。考虑这样一种场景：一个用户于 12 月 1 日完成身份验证，首次登录 App，在接下来的 12 月 2 日—12 月 5 日均在免身份验证的情况下打开过 App，那么该用户在 12 月 1 日—12 月 5 日这 5 天里应均属于"日登录用户"，若只在身份验证时收集登录数据，那么该用户在除 12 月 1 日以外的几天的登录数据就缺失了。因此，在数据层面，用户每一次打开 App 的行为都应产生一次登录数据，并记录登录方式。

数据语义表达法常用来模拟还原数据 Topic 中的一条记录事件，也可以通过这种表达法帮助我们梳理数据 Topic 应当包含的字段。根据上文，关于用户登录，其语义可表达为"谁，在什么时间、在哪座城市、用什么样的设备、以怎样的方式，尝试登录了一次哪个版本的 App，登录结果如何"，由此推演出相应的数据 Topic 定义（暂命名为 Topic A），如表 17-2 所示。

表 17-2　Topic A：用户登录数据

语义	字段名	类型	取值说明	主要用途
—	数据日期[1]	整数	按数据周期统计的日期。8 位数表示年月日，如 20181204 表示 2018 年 12 月 4 日	界定数据的统计周期
在什么时间	登录时间	日期与时间	用户登录行为发生的时间	分析与用户登录行为时间相关的命题
结果如何	登录结果	整数	记录用户本次的登录成功与否及结果	根据登录成功与否进行筛选分析；分析登录失败原因分布，优化产品质量
谁	用户 ID	文本	标记数据是由哪个用户产生的。形式为字母与数字的组合	寻找特定用户的登录数据，按用户相关信息筛选统计，统计用户数
—	会话 ID	文本	用户与 App 会话标识。一个用户打开 App 至退出视为一次会话。在同一次会话中的所有数据拥有相同的会话 ID	捕捉用户在一次会话中的行为路径，统计用户的会话频度
哪个版本的 App	App ID	文本	字母与数字的组合，表示一个特定版本的 App 安装包	可以对照出 App 版本、操作系统、获取 App 的渠道等信息，并以这些信息为维度做统计分析
在哪座城市	城市 ID	整数	行政区划代码前 4 位	记录用户本次登录的所在城市，据此可做用户与城市、省份相关的统计分析
以怎样的方式	登录方式	整数	分别用整数 0、1、2 表示：用户的主动登录验证、免验证主动打开 App、通过通知栏推送消息进入 App	根据登录方式进行筛选分析
用什么样的设备	设备品牌	文本	用户设备的品牌名称，如 "Apple" "Xiaomi" "Huawei"	根据设备情况筛选用户，从设备相关维度统计用户分布，为产品日后的兼容性优化做准备
	设备型号	文本	用户设备的型号，如 "iPhone X" "MI8" "P20"	
	屏幕分辨率	文本	用户设备的屏幕分辨率，以 "水平像素数×垂直像素数" 表示，如 "1080×1920"	
	iOS 越狱	整数	如果用户使用的是 iOS 设备，则以 0 表示未越狱，1 表示已越狱；如果用户使用的不是 iOS 设备，则此项留空	根据越狱情况筛选用户

---

[1] "数据日期" 字段表明这份数据将按日统计。如果我们需要按其他时间粒度统计，则需要变更这个字段的定义。

再来分解用户行为数据。根据 16.2 节的讨论，用户活跃行为涵盖个性化设置、发表动态、使用支付功能等**用户的个体行为**，以及向好友发即时消息、查看好友动态、为好友点赞等**用户间的互动行为**。虽然在用户看来，这两类行为都是使用 App 过程中的自然操作，无本质区别；而从数据角度看，互动行为由于建立了两个甚至多个用户的关系，在日后的数据分析上会发挥桥梁般的作用。因此，我们有必要将两类行为以不同的数据 Topic 来描述。

个体行为的语义可表达为"谁，在什么时间、哪次会话中，做了一次怎样的操作，操作结果如何"，而用户间互动行为的语义类似"谁，在什么时间、哪次会话中，面向谁，做了一次怎样的互动，结果如何"。语义中"怎样的操作"和"怎样的互动"即用户与产品的交互，考虑一次交互还涉及所处的页面、功能或模块及具体的操作类型，不妨定义**模块 ID**、**操作 ID** 来数据化所有可预见的交互，这些 ID 的取值均需要在具体的交互场景中被进一步定义。

综上推演出用户个体行为和用户间互动行为的数据 Topic 定义——Topic B 与 Topic C，分别如表 17-3 和表 17-4 所示。

表 17-3　Topic B：用户个体行为数据

语义	字段名	类型	取值说明	主要用途
—	数据日期	整数	按数据周期统计的日期	界定数据的统计周期
在什么时间	行为时间	日期与时间	用户个体行为发生的时间	分析与用户个体行为时间相关的命题
操作结果如何	行为结果	整数	记录用户本次的交互成功与否及结果	根据交互行为成功与否进行筛选分析；分析失败原因分布，优化交互和相应的功能或模块
谁	用户 ID	文本	标记数据是由哪个用户产生的	寻找特定用户的行为，按用户相关信息筛选统计，统计用户数
哪次会话中	会话 ID	文本	用户与 App 会话标识。与用户本次登录的会话 ID 相同	捕捉用户在一次会话中的行为路径
—	App ID	文本	字母与数字的组合，表示一个特定版本的 App 安装包	冗余记录用户使用的 App ID，便于以版本、渠道等为维度做统计分析
做了一次怎样的操作	模块 ID	整数	标记交互所在的功能或模块。须事先为产品的每一个功能和模块定义唯一的模块 ID	以功能或模块为维度进行统计
	操作 ID	整数	标记交互的操作。须事先为产品的每一种交互定义操作 ID，同一功能或模块中，操作 ID 是唯一的	以功能或模块及交互为维度进行统计

表 17-4 Topic C：用户间互动行为数据

语义	字段名	类型	取值说明	主要用途
—	数据日期	整数	按数据周期统计的日期	界定数据的统计周期
在什么时间	行为时间	日期与时间	用户个体行为发生的时间	分析与用户个体行为时间相关的命题
结果如何	行为结果	整数	记录用户本次的交互成功与否及结果	根据交互行为成功与否进行筛选分析；分析失败原因分布，优化交互和相应的功能或模块
谁	用户 ID	文本	标记互动的主动方是哪个用户（数据的产生方）	寻找特定用户的行为；统计主动互动用户数；与对方用户 ID 一起组成"用户对"，可统计和分析双向互动行为
面向谁	对方用户 ID	文本	标记互动的被动方是哪个用户	统计被动互动用户数；与用户 ID 一起组成"用户对"，可统计和分析双向互动行为
哪次会话中	会话 ID	文本	用户与 App 会话标识。与用户本次登录的会话 ID 相同	捕捉用户在一次会话中的行为路径
—	App ID	文本	字母与数字的组合，表示一个特定版本的 App 安装包	冗余记录用户使用的 App ID，便于以版本、渠道等为维度做统计分析
做了一次怎样的互动	模块 ID	整数	标记交互所在的功能或模块	以功能或模块为维度进行统计
	操作 ID	整数	标记交互的操作	以功能或模块及交互为维度进行统计

用户活跃行为中的"发送即时消息"需要特别关注，虽然数据逻辑上它是用户间的一种互动行为，可以套用 Topic C；而考虑到社交 App 中即时通信既是产品的核心功能，也是用户的频发行为，这不仅将产生大量的数据，并且日后我们会频繁对发消息行为做针对性分析，因此，值得为发消息行为定义独立的数据 Topic（称为 Topic D，如表 17-5 所示）。Topic D 中的大多数字段与 Topic C 相同，针对即时通信功能，我们以"消息类型"和"消息场景"字段替代"模块 ID"和"操作 ID"，并记录消息长度。

表 17-5 Topic D：用户发消息行为数据

字段名	类型	取值说明	主要用途
数据日期	整数	按数据周期统计的日期	界定数据的统计周期
发送时间	日期与时间	即时消息被用户发出的时间	分析与用户个体行为时间相关的命题
发送结果	整数	记录用户本次发消息成功与否及结果	根据发消息成功与否进行筛选分析；分析失败原因分布，优化即时通信功能
发送用户 ID	文本	标记消息是由哪个用户发出的	统计发消息用户数

续表

字段名	类型	取值说明	主要用途
接收用户 ID 或群 ID	文本	标记消息被发给哪个用户或哪个群，取决于"消息场景"	统计收消息用户数或群数；与发送用户 ID 一起组成"用户对"，可统计和分析双向互动行为
会话 ID	文本	用户与 App 会话标识。与用户本次登录的会话 ID 相同	捕捉用户在一次会话中的行为路径
App ID	文本	字母与数字的组合，表示一个特定版本的 App 安装包	冗余记录用户使用的 App ID，便于以版本、渠道等为维度做统计分析
消息类型	整数	标记消息的类型特征。分别用整数 1、2、3 表示文本消息、语音消息、图片消息	以消息类型为维度进行统计
消息场景	整数	标记用户发消息的场景（或称发送对象）。分别用整数 1、2、3 表示向其他用户发消息、向群发消息、向公众号发消息	以消息场景为维度进行统计
消息长度	整数	记录这条消息的长度特征，因"消息类型"而异。文本消息取文本中包含字符的数量，语音消息取语音的时长（秒），图片消息取图片文件的大小（字节）	以消息长度为指标进行统计，或转化为维度进行统计

如果你面对的是一款老产品的新功能，不妨尝试套用现存的数据 Topic 来回答针对数据上报策略的提问。如果现存的数据 Topic 能够满足要求，应优先考虑沿用，以避免给产品增加不必要的数据逻辑；如果不能满足要求，或者新功能像上文中的即时通信功能那样，其数据有重点关注的意义，那么参考本节的内容，重新定义数据 Topic 将会更可取。

扫一扫

除了从零开始定义数据 Topic，一些典型的数据上报策略也可借鉴。扫一扫，查看可借鉴的典型上报策略。

第 18 问 哪些用户数据值得收集？

上一问讨论了数据上报策略的定义，从中不难发现，每一个数据元素都是围绕用户和用户行为产生的。那么，从用户和用户行为出发，重新审视数据上报策略，又有哪些数据值得收集呢？

18.1 对用户行为的三步思考

建立"一切数据都是用户数据"这个狭义观念是我们在本单元的讨论基础，"任何数据产生的原因都是用户行为"是它的一层含义，对于数据化运营而言，它的另一层含义则是"任何数据工作都以提升用户体验为目标"。与此同时，基于国内外对增长黑客的实践，越来越多的产品团队坚信全维度的用户数据潜藏着巨大的价值，因此，在尊重用户隐私的前提下，用户在产品中产生的任何数据都值得收集。在实践中，我们可以从用户行为的角度，按照以下三步思考那些不容错过的用户数据。

首先，想象一位用户对 App 的一次常规使用经历：她/他会启动 App 并登录自己的账号，然后在 App 界面中一步步导航至各功能或模块，来实现她/他预期的需求；当然，她/他也会做一些设置性操作，来自定义 App 的表现；最终，她/他这一次的操作结束，会将 App 置于后台或关闭 App。这个常规的使用过程涉及**用户登录、操作行为、功能设置**这几种关键数据。

其次，清点产品中那些重大功能和模块。这些功能和模块或有着相对独立的用户体验（如社交 App 中的聊天、支付、语音通话功能），可以构成用户的一次完整的产品使用过程；或有着独立于产品整体的 KPI（如承担商业收入、跨部门或跨公司合作的功能），备受管理层和决策者的关注。用户在这些重大功能和模块中的行为数据值得独立细化，以备日后做专项分析和深度挖掘。

最后，不局限于产品运营，让我们将视野扩至产品的全局运作环节，看看开发、运维、质量等团队会关注产品的哪些方面。将来自产品其他团队的关注点从数据视角展开，通常会涵盖我们在第 2.3 节讨论的质量数据和技术数据，这些数据中的诸如产品功能的运行日志、用户故障报告、性能评估等在产品运营中同样受用。

总结上述三步的思考，我们可以较全面地找出各种值得收集的用户数据，表 18-1 挑选了其中的典型。每种用户数据都应当规划相应的数据 Topic，以将它们纳入数据产品体系。你也可以对照该表看看自己负责的产品是否已建立了完善的上报策略。

表 18-1　产品中值得收集的用户数据及数据 Topic 规划参考（以社交 App 为例）

数据名称	数据内容	主要用途	上报策略特征	数据 Topic 规划简述
用户登录	记录用户每次打开 App 进行身份验证的过程及结果	跟踪用户登录行为；统计用户登录情况；监测用户登录失败率及失败原因	由后台上报的事件数据。用户尝试获得登录态且服务器返回响应结果时上报	关键字段：用户 ID、登录时间、登录结果，可参阅表 17-2
操作行为	记录用户在 App 使用过程中与客户端页面元素发生的各种交互行为及结果	分析用户活跃行为；跟踪用户与 App 的各种交互行为；统计和监测各功能和模块的使用情况	由客户端上报的事件数据。用户在 App 中主动触发交互事件（如单击按钮、跳转页面）时上报。为保证客户端交互流畅，应考虑将数据缓存后上报	关键字段：用户 ID、操作发生时间、操作 ID、功能或模块 ID、操作结果；操作行为属于用户个体行为，详细可参阅表 17-3。另外考虑 App 中存在的用户间的互动行为，还应规划类似表 17-4 的 Topic
功能设置	记录用户在 App 中的各种设置选项，包括系统设置、偏好设置、针对功能或模块的局部设置	分析用户偏好；统计各种设置的开关状态和选项分布情况；根据设置筛选用户，以备专项运营	由客户端上报的快照数据。用户每日首次打开 App 后上报一次全局设置数据；每次更改设置后，针对改动的设置进行一次上报	关键字段：用户 ID、快照时间、操作 ID、设置项 ID、设置项状态
用户发消息行为	记录用户通过 App 的即时通信功能主动向另一位用户或群发送消息的行为。即时通信为 App 的核心功能，故制定独立策略	分析用户即时通信活跃行为；按类型和场景统计即时通信的各项指标；监测即时通信功能的使用情况，并据此做针对性优化	事件数据，由于用户发送的消息会通过服务器传达给目标用户，故数据可由客户端上报，也可由后台上报。考虑性能，由后台上报更好	关键字段：用户 ID、消息发送时间、接收方用户 ID 或群 ID、消息类型、消息场景、发送结果，可参阅表 17-5

续表

数据名称	数据内容	主要用途	上报策略特征	数据 Topic 规划简述
音视频通话行为	记录用户使用 App 中语音和视频通话功能的行为。音视频通话是 App 的一项关键功能，采用了公司的专利技术，牵涉内部合作与商务合作，故制定独立策略	分析用户音视频通话活跃行为；统计音视频通话各项指标；为商务合作中的 KPI 核算提供参考；监测音视频通话使用情况及质量，并据此做针对性优化	由后台上报的事件数据。用户每次发起通话和结束通话时各进行一次上报	关键字段：主叫用户 ID、动作类型、被叫用户 ID、通话 ID、主叫方网络状况、行为结果。动作类型标记用户是发起通话还是结束通话；由于支持多方通话，故被叫用户 ID 在一次上报中可能有多个；行为结果主要用来记录通话结束的原因，如是用户主动挂断的，还是网络原因所致的
故障报告	记录用户使用 App 过程中遇到的行为中止、程序异常、停止响应、操作失败等故障。这一部分数据绝大多数属于质量数据，考虑到任何故障都有让用户流失的风险，故对产品运营同样重要	寻找 App 中尚存在的用户痛点，在改进产品的同时做好用户安抚；评估产品质量，结合用户反馈安排版本迭代；统计各种故障的分布及复现概率，指导实施风险防范	由客户端上报的事件数据。每当用户遇到错误提示、程序异常、App 闪退等情况时进行一次上报；用户在操作流程中主动取消时也进行一次上报	关键字段：用户 ID、所处功能或模块 ID、故障类型、严重等级、故障描述、程序异常追踪。其中严重等级根据故障类型定义为严重、中等、一般，程序异常追踪可供开发工程师调试参考

读一读

从采样方式上看，上报的数据可分为**事件数据**和**快照数据**。用户在 App 中单击一个按钮而产生的单击行为数据，描述了一次按钮被单击的事件，这种每发生一次事件就产生一次的数据称为事件数据；而"用户在打开 App 时，有多少条未读消息"中的数据，描述的是在 App 被打开瞬间的场景，犹如用相机抓拍，之后无论未读消息的数目是增加还是减少，都与这个数据无关，这种在特定时刻捕捉一次且不受后续行为影响的数据称为快照数据。

18.2 操作不仅仅是"单击"

在之前的讨论中，我们曾多次以"单击"操作作为用户操作行为的例子，诚然，由于现阶段，触屏和鼠标能够实现绝大多数用户与产品间的交互，"单击"操作毫无疑问是使用最频繁的操作，用户完全可以只凭借"单击"操作就顺利使用一款产品的全部功能。产品用户界面中包括页面、按钮、链接、图标、选项在内的大多数常见元素均可被用户"单击"。实际上，用户界面**允许的用户操作远不止"单击"**，尤其随着各种新型设备的推广（如图 18-1 所示），多点触摸、手势这类的体验不再是智能手机的专利。

 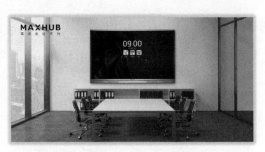

（a）微软 Surface 系列电脑　　　　　　　（b）视源股份旗下 MAXHUB
配备多点触摸屏，支持笔和设计类硬件　　支持多点触摸、各种画笔书写和手势操作的平板电视

图 18-1　新型触屏设备

表 18-2 整理了手机 App 和桌面应用中常见的操作，在规划用户操作行为相关的数据上报时，不妨对照此表，以防遗漏重要的操作上报。

表 18-2　手机 App 和桌面应用中常见的用户界面交互行为

分　类	交互行为	附加条件	说　明
触摸操作	单击（Touch）	触摸点数	随着触屏技术的推进，多点触摸和重力感应已基本普及。同样的单击或手势，触点数和按压力度的不同，可能会有不同的语义
	双击	每个触点的位置	
		单击力度	
	长按	触摸点数	
		按压力度	
		按压时长	
	拖动	触摸点数	
		拖动起止位置	
	手势	触摸点数	
		手势图形路径	

第18问 哪些用户数据值得收集？

续表

分　　类	交互行为	附加条件	说　　明
物理键操作	按下	按键 按下时长	物理按键在智能手机上多见于开关、音量增大/减小、回桌面（Home）、后退、菜单及部分型号的手机特有的快捷键。物理键在 App 中通常有独特的作用，部分情况下它会与 App 页面中的某个按钮（或交互元素）发挥相同的作用，例如后退键
	双击 （快速按两次）	按键	
鼠标操作	单击（Click）	按键（左键/右键） 单击位置	鼠标操作是桌面应用和计算机网页中最经典的操作。鼠标通常有左右两个键和一个滚轮（个别鼠标还有中键，或者按动滚轮相当于单击中键）
	双击		
	滚轮	滚动方向 滚动速度 滚动加速度 滚动距离	
	指向（Hover）	指向位置	指向和移出操作多见于提示性功能，例如当用户鼠标指向产品中的某个图标时，向用户展示该图标的说明；鼠标从图标上移出则隐藏此说明
	移出	—	
	拖动	按键（左键/右键） 被拖动内容 拖动起止位置 是否取消	拖动是指将页面上的某个元素或内容拖移到另外一个位置，例如窗口的拖动，或拖动滚动条使页面滑动；拖曳是指将页面外的其他内容拖入页面的指定区域中，例如 QQ 邮箱上传附件功能，允许用户将硬盘中的文件直接拖曳到上传区。 拖动和拖曳的过程均可能被用户取消，比如用户在拖动释放前按下了键盘上的 Esc 键
	拖曳	按键（左键/右键） 拖曳内容 拖曳释放位置 是否取消	
键盘操作	敲击按键	基本按键 组合按键 大小写状态	与鼠标一样，键盘也是桌面应用和计算机网页中的经典操作设备。除了最基本的按键，产品中可能还存在组合快捷键供用户操作。如当用户按下组合键 Ctrl+Alt+M 时，基本按键为 M，组合按键为 Ctrl 和 Alt。 值得一提的是，智能手机和平板电脑是可以配备键盘的，尤其当你负责办公和设计领域的产品时，需要关注智能设备上的键盘操作
触控笔操作	单击	单击力度 辅助按键	触屏除了可以用手指操作，也可以通过触控笔操作。触控笔上通常会带有辅助按键，用来模拟鼠标按键或进行快捷操作。触控笔多见于高配置的平板电脑（如 iPad Pro、微软的 Surface 系列），比手指触摸更精确，且支持多级压感
	双击	辅助按键	
	长按	按压力度 按压时长 辅助按键	

续表

分 类	交互行为	附加条件	说 明
触控笔操作	移动	按压力度 移动路径	
页面和控件	开始加载	页面或控件标识	无论是手机 App、网页还是桌面应用，页面总是需要渲染，这就使得页面及其中的各种控件总会经历从加载到呈现再到卸载的过程。而页面中的焦点通常会在控件之间切换，往往总是最后一次操作的控件被聚焦
	完成加载		
	获得焦点		
	失去焦点		
	开始关闭/卸载	页面或控件标识 触发关闭或卸载的原因	
	完成关闭/卸载		
	尺寸变更	变化后的长度与宽度	在应用了响应式设计的页面中，页面尺寸的变化会影响页面的布局和展示的内容
传感器	屏幕方向切换	切换后的方向（垂直/水平）	智能设备上的各种传感器会随时感应用户的操作并向程序传递相关数据。产品中可能会存在依赖于传感器的功能，比如微信的"摇一摇"依赖于加速度传感器，地图 App 中的方向判断依赖于电子罗盘和陀螺仪
	摇动设备	摇动力度	
	地理方向变化	变化后的方向	
	加速度变化	变化前后的加速度值	
	环境光亮变化	变化前后的光亮值	

18.3 操作时长数据的上报

有些时候我们需要评估用户在某个功能或模块中持续操作的时长，例如，一次语音通话从接通到结束经历了多长时间，这是一项非常重要的指标。类似的场景还有：用户在某个运营活动页面停留的时长，用户收听某首曲子或观看某个视频的时长，用户下载一个文件的时长等，这些时长数据往往都值得分析。上报时长数据通常有两种策略。

- **缓存上报策略**。即操作行为发生时先在缓存中记录开始时刻的相关数据，待操作行为结束后，将结束时刻的相关数据与缓存中开始时刻的数据整合并计算出整个操作的持续时长，然后完成数据上报。由于客户端和网页更方便为用户建立独立的缓存，因此这种上报策略更适合前端上报数据。并且，由于数据在上报时已进行过初步计算和整合，故在后续的使用和处理中也有一定优势。相比第二种策略，它在技术实现上略复杂，且在网络不稳定或程序发生异常等情况时更易丢失缓存中的数据。

- **起止分离上报策略**。即把操作行为的开始与结束视为两个不同的事件，分别定义操作 ID，行为开始时进行一次上报，结束时再进行一次上报，将数据的整合与时长的计算放到后续的数据处理中完成。表 18-1 中 "音视频通话行为" 的上报策略特征所描述的就是这种情况。相比缓存上报策略，起止分离上报策略更适合数量较多、情况更复杂的时长数据上报，它对后续的数据处理也会有更高的要求。

18.4 用户属性的时效问题

考虑在某个场景中，一项上报数据指示某个用户是 18 岁，我们在数据处理和分析时将她/他划分到 "18～20 岁" 的用户年龄区间。假设若干年后我们又拿出这份数据做处理和分析，这个用户的年龄显然已不再是 18 岁，也就是说，这份用户数据的 "年龄" 属性失效了。

当然，这里的假设有些夸张，况且你可能会质疑 "为什么要上报年龄而不是出生日期？" 但我们应意识到，用户数据的时效问题确实存在，特别是某些会随时间变化的属性。类似的属性还有用户的职业、婚姻状况、家庭成员信息、兴趣标签，以及用户设备的相关属性（用户总是会换手机）。

在对待有时效问题的用户数据时，可以设立过期规则，一旦数据被判定为过期就执行更新处理操作。

扫一扫

提到出生日期，你的产品是否允许用户提供农历生日呢？
扫一扫，查看有关农历日期的数据策略中潜藏的那些 "坑"。

怎样为数据赋予运营的意义?

在精心策划数据上报策略后,我们可以轻而易举地指出一份数据记录的内容、定义和可能的用途,然而它们尚缺乏运营的意义,比如用户登录数据摆在面前,我们无法立刻知道"日登录用户数"这一运营指标;当我们拿到产品各功能用户行为数据后,也无法从中直接了解用户的行为习惯。很明显,运营的意义通过对数据的处理来赋予,那么具体要怎样做呢?

19.1 从"使用 iPhone 手机的深圳市女性用户每日发消息情况"说起

看到"使用 iPhone 手机的深圳市女性用户每日发消息情况",也许你会立即想到去报表平台上查阅相关数据。假设我们的产品刚刚起步,眼前只有一堆上报来的数据,报表在等我们去配置。这时我们需要做的就是梳理上报数据的处理逻辑,为它们赋予运营的意义,使它们最终能够呈现在报表中。

在这个命题中,"发送消息"是核心数据事实,因此处理前必须**确保用户发消息行为的数据已正确上报**,且已接入数据产品体系。这一部分的数据上报策略正如我们在第 17.3 节中的讨论,你可以回看表 17-5 来了解数据 Topic 的定义。

再看这个命题中的几个定语:"使用 iPhone 手机""深圳市""女性",它们对应的数据维度分别为用户设备的操作系统、用户的地理位置、用户的性别。由于发消息数据中不存在对这些维度信息的直接上报,这就需要**通过关联其他数据来获得**。

- **用户设备的操作系统**。既可以通过设备型号关联设备信息,了解某个设备上可能安装什么样的操作系统;也可以通过 App ID 获知用户所安装的

App 安装包信息，从而分辨出操作系统类型。由于 App ID 比设备信息更易获取且在判断操作系统上更精确，故我们选用后者，以 App ID 作为联结键。

- **用户的地理位置**。既可以在登录数据中获取用户本次登录的城市，也可以根据用户特征数据中的"最常活跃的城市"来判断。为保证数据的稳定性，我们选用后者，这样即便一个用户在一天当中去过多个城市，也按他最常活跃的城市计算，先以**用户 ID** 作为联结键关联用户特征数据，再以**城市 ID** 作为联结键关联城市对照数据。
- **用户的性别**。从用户特征数据中获取，以**用户 ID** 作为联结键。

App ID 对照信息、用户特征数据、城市对照信息在数据产品中均属于维度表，假设这些维度表已经建立，结合表 17-5 对发消息数据的定义，处理这个命题的维度关联逻辑如图 19-1 所示。

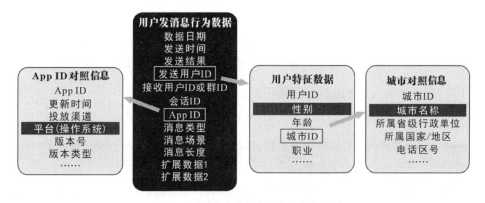

图 19-1 发消息事实表与各维度表的关联逻辑

通过关联，我们为用户发消息行为数据扩展了操作系统、城市名称、性别这三个维度。

最后是**明确指标计算逻辑**。在这个命题中，"发消息情况"在运营中可归纳为三个指标，对应的计算逻辑如下：

- **日发消息用户数**。限定数据日期和维度取值后，对用户 ID 去重计数；
- **日发消息总数**。限定数据日期和维度取值后，统计数据记录的条数；
- **日人均发消息数**。以日发消息总数÷日发消息用户数得到。

如果我们仅仅是为了获得命题中的数据，那么将操作系统限定为 iPhone，最常活跃城市限定为深圳市，性别限定为女性后执行计算逻辑就可以了。然而，既然我们最终要呈现为报表，那么做了这样的限定后的结果数据的适用范围就非常窄了，如果有人还想了解武汉市、男性用户、不限定操作系统的情况怎么办？所以，在执行处理逻辑时通常不会限定某个维度的取值，而是把每个维度所有的取值对应的指标都进行计算。这意味着，最终的结果将包含下列数据。

- 每个城市，女性用户，使用 iPhone 手机的每日发消息情况。
- 每个城市，女性用户，使用 Android 手机的每日发消息情况。
- 每个城市，男性用户，使用 iPhone 手机的每日发消息情况。
- 每个城市，男性用户，使用 Android 手机的每日发消息情况。

倘若我们需要了解"深圳市所有使用 iPhone 手机用户"的情况，只要把深圳市使用 iPhone 手机的女性用户和男性用户对应的指标数值分别相加即可，因为根据用户特征，一个用户要么是女性，要么是男性。

但若我们要了解"深圳市所有使用手机的女性用户"的情况，指标"日发消息用户数"就不能把使用 iPhone 手机的与使用 Android 手机的直接相加了，因为用户很有可能在一天当中既使用了 Android 手机又使用了 iPhone 手机，**直接相加会重复计算这部分用户**。因此，执行处理逻辑时，还需要针对操作系统维度补充特殊处理。

- 每个城市，女性用户，不限操作系统的每日发消息情况。
- 每个城市，男性用户，不限操作系统的每日发消息情况。

通过以上处理，呈现的数据报表就可以供我们方便地筛选和查看任意城市、任意性别、任意平台的每日发消息情况了。

我们不禁感慨：为了后续数据化运营环节的高效和便利，必须要认真对待处理过程啊！

19.2 口径对数据事实的影响

基于上一节的案例，如果你是负责这款社交 App 的产品经理，必须能够做到准确回答如下问题。

- 怎样算是"使用 iPhone 手机"？在 iPad 中安装了 iPhone 版本的 App 安装包算不算？一个用户在同一天既用过 Android 手机，又用过 iPhone 手机该怎样计算？
- 怎样算是深圳市的用户？是使用产品的地点在深圳市，还是用户的最常活跃城市是深圳市？一天中去过多个城市怎么办？

- 用户的性别是怎么判断的？
- 发消息指的是发哪种消息？在聊天群里发送消息算吗？发起语音或视频通话算发消息吗？

扫一扫

这些问题可以怎样回答呢？扫一扫查看举例。

这些问题考察了产品经理对各项数据指标口径的认知，以及对每一个原始数据上报策略的理解。

口径和时间粒度是定义指标的要素，自然也影响着数据处理的逻辑。例如，我们把当日登录后发过消息，使用过特定功能，有特定行为且次数达标的用户认定为当日活跃用户。为了能够按照这里的时间粒度和口径统计日活跃用户数，我们就要这样处理：先把发消息、特定功能和特定行为的数据按日合并在一起，再根据行为类型分组筛选出次数达标的数据，最后对每日的用户 ID 去重计数得到日活跃用户数值。倘若在产品运营一段时间后变更指标的口径，那么数据处理的逻辑也要相应调整。所以，**即使从表面上看是同一指标，背后的时间粒度或口径不同，数据的意义也是不同的**，甚至会直接影响对 KPI 的评估。

 读一读

修改口径，扭曲事实

在罗马尼亚历史上就出现过通过修改数据指标的口径来掩盖严重的政策缺陷的反面例子。1966 年，时任罗马尼亚总统尼古拉·齐奥塞斯库（Nicolae Ceausescu）为实现人口快速增长，颁布了"770 法令"，鼓励生育并禁止堕胎和避孕。法令的初衷当然是好的，也的确在接下来的一年里使罗马尼亚的婴儿出生人数增加了近一倍。然而，限于罗马尼亚当时的国力、医疗卫生水平、妇产医护人员数量和配套的设施都没有跟上新生儿的爆发式增长，导致产妇和婴儿的死亡率也大幅度增加，超过了邻国的 10 倍。面对来自世界各国的谴责和国内政治的压力，齐奥塞斯库既没有中止法令的实施，也没有采取实质的措施，而是下令只允许给出生超过一个月的婴儿签发出生证，这样，大量的由于各种原因在满月前夭折的婴儿就不会纳入死亡率的统计范围，从而在数据上掩盖了这一愚蠢的法令所带来的可怕后果。这里的"以签发出生证算作出生"即为婴儿出生指标的口径。

19.3 累积处理要赶早

周期化处理当日的数据可以应对产品运营中绝大多数的需求，比如对日活跃用户、日登录用户、每日付费情况的处理和统计。要按日生成这些结果数据，只要每日选取最近一日的数据进行处理即可。但也存在一些场景，可能需要一周、一个月、一年甚至更长时间的数据才能满足需求，例如按类似的口径统计月活跃用户、月登录用户，观察产品从首版发布以来所有登录过的用户情况等，使用这些数据或许是为了在季度或年度财报中展示产品的核心业绩，因此，对数据的精确度有一定的要求，不能使用估算的数据结果。

当然，对于用户规模较小的产品而言，直接拿所有的数据来处理似乎并不复杂，但对于日均活跃用户数在百万以上甚至更高数量级的产品而言，频繁抽取成年累月的数据做处理就不见得是一件简单、高效且低成本的事情了。

拿产品的"累积登录用户数"举例，我们想将这个指标展示在 Dashboard 和产品全局核心数据的报表中，并随所有按日指标那样每日更新。显然，累积用户数不能直接拿多日的用户数相加而得，而每日都拿所有的历史数据进行去重计数也存在成本高效率低的问题。这里我们考虑**对数据进行累积处理**，也就是每日都用前一日的累积登录数据与当日的登录数据合并成当日的累积登录数据，然后对用户 ID 去重计数得到当日的累积登录用户数，抽象表达则为：

第 n 日的累积数据由第 n–1 日的累积数据与第 n 日当日的数据合并、去重而来。

为了使累积登录用户数据包含更多有意义的细节，除了用户 ID，在对每一个用户进行累积处理时一同记录他们的下列信息。

- **首次登录日期**。
- **最近一次登录日期**。
- **累计登录天数**，即用户自首次登录以来一共有多少天登录过该产品。
- **最近连续登录天数**，比如用户最近一次登录日期为 12 月 22 日，该用户在 12 月 18 日、12 月 20 日、12 月 21 日也有登录行为，那么这里的最近连续登录天数为 3 天（12 月 20 日—12 月 22 日这 3 天）。

这样一份数据的处理逻辑用文字可描述为以下三步。

第一步，以产品首版发布之日的用户登录数据作为基础数据，也是首日的累积数据。数据中所涉及的用户其首次登录日期和最近一次登录日期均为首版发布的日期，累计登录天数和最近连续登录天数均为 1 天。

第二步，自产品首版发布第二日起，把前一日的累积数据与当日用户登录数据按用户 ID 合并，合并后同一个用户只保留一条记录。这一步要注意对如下几个分量做更新。

- 如果一个用户既存在于前一日的累积数据中，又存在于当日登录数据中，则将该用户的"最近一次登录日期"更新为当日，"累计登录天数"加 1 天。进一步判断，如果前一日累积数据中，该用户的"最近一次登录日期"为前一日的日期，则将"最近连续登录天数"加 1 天，否则重置为 1 天。
- 如果一个用户只存在于前一日的累积数据中，则表示该用户当日无登录，所有分量保持不变。
- 如果一个用户只存在于当日登录数据中，则表示该用户当日为首次登录产品，将"首次登录日期"和"最近一次登录日期"设为当日，"累计登录天数"和"最近连续登录天数"均设为 1 天。

第三步，每日均按第二步的逻辑处理，得出当日累积登录用户数据。

回顾任务调度平台的操作，你会发现，累积数据的周期化处理在任务调度平台上体现为一个典型的自我依赖型任务（参阅 12.2 节）。

> "我的产品已经运营了数年之久，现在才想起来要处理累积登录用户数据，且产品早年的上报数据已不复存在（或者规模太大以至于无法实现首次基础数据的处理），还有什么办法弥补呢？"

相信会有读者遇到这样的问题。解决办法主要有两个，不过其效果均略有逊色。

其一，**导入产品后台数据库中的用户账号信息**，作为首次累积处理的基础数据；

其二，**从产品近期发布的某个版本开始累积数据**。比如，产品近期发布了 2.0 版本，那么我们只累积从 2.0 版本发布以来，登录 2.0 或之后版本的用户。当然，统计初期会有较大误差，但随着用户逐渐过渡到新版本，再配合新版本推广，其可参考度会越来越高。

正如要在首版发布之日起处理累积登录用户数据那样，尤其是对于用户规模较大的产品，**请尽早开始进行数据的累积处理吧！**

通过本节讨论的累积登录数据，能否回答以下问题呢？如果能，应怎样限定筛选条件？如果不能，怎样调整才能实现呢？请你思考。

- 12 月 22 日有多少用户登录？
- 12 月 18 日有多少新增登录用户？
- 到 12 月 22 日为止，连续登录时间不少于 10 天的用户有多少？
- 给定一个用户，如何知道他/她截至 12 月 22 日，历史最长连续登录天数？

扫一扫

这些问题可以怎样回答呢?扫一扫查看举例。

修炼进度 63%

第 20 问、怎样对待未登录用户和小号用户？

根据用户的产品账号，可以方便地对用户数做统计，以及跟踪和分析用户行为。然而，那些从未登录的用户和小号用户，会给这些统计和分析带来不少困扰。从数据视角应怎样对待这两种"特殊"用户呢？

20.1 匿名访客，你的需求同样重要

我们举例讨论的社交 App 需要用户事先注册产品账号，并且产品的主要功能也只面向已验证身份的登录用户。在一款基于熟人关系的社交产品中强制有登录态通常是合理的——拥有固定身份的用户之间联系更紧密。然而，全程有登录态对于众多产品而言可谓是一种"奢望"，我们称未登录而使用产品的用户为**匿名访客**，常见于以下三种情境。

- **完全不需要登录的产品**。类似记事本应用程序、计算器应用程序、词典应用程序这种功能简单的工具性产品，任何用户都是匿名访客，都可以"随用随走"，甚至产品根本不提供登录机制。
- **即使不登录，也能满足核心需求的产品**。以腾讯视频、QQ 音乐、百度地图为例，匿名访客可以使用这些产品中的全部核心功能，而注册登录的主要目的是向用户提供增值和个性化服务。
- **不登录可以使用有限功能的产品**。这样的产品涵盖购物、金融服务、在线社区、教育等众多领域，数量也是最多的——我们日常接触的大多数产品都符合这种情境。以京东网站及其 App 为例，匿名访客可以查看当

前的优惠活动、浏览所有商品及其评论，但只有登录用户才可以结算购买、查阅历史订单、接收商品推荐和订阅。

在这些情境下，强制用户登录就会显得不合理，甚至会冒犯用户。从数据的角度看，匿名访客由于缺少账号标识，小则影响用户数量的统计，大则难以通过关联分析深入了解这部分用户。由于用户没有主动"告诉"产品"我是谁"，因此我们需要用一些数据策略来标识匿名访客，以判断多次来访的匿名访客是否为同一人。

互联网早期，常通过 IP 地址来判断是否为同一用户，而如今，在 IPv6 普及之前，IP 地址对用户的标识能力非常弱。由于互联网用户在目前普遍使用的 IPv4 网络中几乎无法获得独立且固定的公网 IP 地址，经常会出现多名用户（他们很可能彼此互不认识）共用同一个 IP 地址访问产品的情况。

 读一读

IPv6 与公网 IP 地址

IPv6 即 Internet Protocol version 6（互联网协议版本 6），其标准于 1998 年起草，2017 年 7 月正式列入互联网标准。IPv6 的 IP 地址理论数量多达约 3×10^{38}，这意味着地球上平均每平方厘米可以分配 6.7×10^{19} 个 IP 地址。在这种场景下，IP 地址资源极其丰富，每一个连入互联网的设备都可以被指定一个全球唯一的地址，因此 IPv6 也是物联网实现真正意义的"万物互联"的基础技术之一；而我们目前普遍使用的 IPv4（互联网协议版本 4），其 IP 地址的理论数量仅有约 40 亿，比全球人口总数还少很多，可谓十分匮乏，通常仅分配给提供互联网公共服务的组织机构，且价格不菲。

公网 IP 地址一般指互联网中可以直接用于设备间互相通信的 IP 地址，全球唯一，需要向 ICANN（国际互联网名称与编号分配机构）申请并获得统一分配。与之对应的是私网 IP 地址，也是目前绝大多数互联网用户使用的地址。私网 IP 地址可通过 NAT（网络地址转换）技术或代理服务器共享一个公网 IP 地址来接入互联网，但私网 IP 本身无法被互联网中的其他设备直接连接。

在实践中标识匿名访客常采用如下的复合策略。

首先，分配规则

匿名访客首次通过当前设备或浏览器使用产品时，为该用户分配一个匿名访客标识，记作 ID_A。匿名访客标识生成依据：

- Android 设备可依据其硬件编号（如 IMEI、无线网卡 MAC 地址、处理器序列号等）生成其匿名访客标识；

- 由于 iOS 限制 App 获取部分硬件信息，故可依据 IDFA 或 IDFV[1]生成其匿名访客标识；
- 通过浏览器访问的网页产品，可以考虑由服务器生成一个不重复的标识下发给浏览器作为匿名访客标识，并借助浏览器的 Cookie 进行较长时间的存储。

其次，认领规则

建立匿名访客标识与登录用户的联系，由登录用户"认领"匿名访客标识。产品在当前设备或浏览器中由匿名访客状态转为登录态时，查看该登录的用户是否已关联匿名访客标识：若未关联，则将上一步分配的 ID_A 与该登录用户关联；若已关联，则取出已关联的匿名访客标识，记作 ID_B，一旦用户注销登录再次转为匿名访客，以 ID_B 替代 ID_A 来标识产品在当前设备或浏览器中的匿名访客。

这样一来，匿名访客标识与首次建立登录态的用户关联，并会随这个登录用户传播到其他设备或浏览器上，实现的效果是，将同一个登录用户使用过的设备或浏览器上的匿名访客识别为同一名用户。这里需要假设一个前提，那就是一个设备在足够长的时间里只会被固定的用户使用，若要削减公用设备对数据的影响，则需要接下来的规则。

最后，过期规则

过期规则包括两个方面的"过期"：一是设备或浏览器上**现行的匿名访客标识会过期**，二是登录用户所**认领的匿名访客标识会过期**。前者过期后，设备或浏览器上的匿名访客标识将按规则被重新分配，新分配的标识记作 $ID_{A'}$，替代原有的 ID_A 或 ID_B；后者过期后，登录用户与原匿名访客标识解除关联，可再次按照认领规则重新认领未被其他登录用户认领的匿名访客标识。

这里的有效期由产品情况来确定，例如，一部手机被公用的可能性较一台 PC 被公用的可能性更低，那么若给手机 App 设置了 60 天的有效期，则应给运行在 PC 上的产品设置更短的有效期（如 15 天）。

过期规则主要用来削弱公用设备和用户更换设备对匿名访客识别的影响，使针对匿名访客的数据统计和分析更接近现实，但依然无法从客观上实现对匿名访客的精准识别。若要进一步提高匿名访客的识别精度，在有必要且成本合理的情况下，可以考虑采用机器学习、生物特征识别、行为特征识别等手段，这些手段均需要强大的技术

---

[1] IDFA 即 IDentifier For Advertising，广告标识符；IDFV 即 IDentifier For Vendor，软件开发方标识符。二者均可用于识别 iOS 设备的用户，但部分细节规则相异。

支撑，且已超出本书的讨论范围，我们不再赘述。

上文的讨论有两点需要注意：其一，认领规则和过期规则的部分内容只适用于有登录机制的产品，如果产品完全不需要用户登录，那么仅适用分配规则和针对现行匿名访客标识的过期规则；其二，匿名访客标识的意义在于，帮助我们在一定的时间周期里判断产品中的某几个匿名访客是否"有可能"是同一个人，而不能像用户账号那样用于长期的识别和跟踪。

20.2 自然人识别，揭开用户 ID 背后的真相

如果所有用户都必须登录，那么是不是在用户识别方面就可以高枕无忧了呢？答案当然是否定的——即便是两个不同的登录用户，它们也可能对应同一个真实的人，这就是我们常说的"小号用户"。自然人识别，是将用户与现实世界的人建立对应关系，这样就能判断出小号的"真身"了。

自然人识别的意义有两个层次：第一层是能够判断两个或两个以上的用户账号是否由同一人使用；第二层是能够获知产品中的某个用户在现实世界的身份。若产品对用户实名制有较高的要求，比如互联网金融产品，对自然人需要实现第二层意义上的识别；而绝大多数产品需要的只是第一层意义上的识别，也是我们将着重讨论的。第一层意义围绕知晓产品中自然人的数量和占比，作用于产品运营的诸多场景，例如：

- 限制每个人参与次数的运营活动；
- 评估面向用户推广的投入与产出效果；
- 建立以自然人为基础的运营体系，一个人无论以怎样的身份出现在产品中，均能够为其提供精准的个性化内容；
- 分析产品现状和用户机制的健康度，识别并排除产品的"虚假繁荣"。

利用身份证信息识别自然人身份无疑会非常精确，不过前提是能够获得公安数据的授权，且这对港澳台和海外用户不够友好。

一个自然人可以有多个手机号，除非与运营商达成合作，否则手机号也不是个理想的选择。

这样一来，自然人识别同样要考虑复合策略，这在社交 App 中表现为三级递进策略。

第一级，根据身份信息直接识别

如果产品要求用户必须验证证件信息，则处理会非常简单，直接根据证件信息标识自然人即可，不需要递进至下一级。证件包括我们上文提到的身份证，也包括护照、

驾驶证之类的证件，只要产品机制能够确保证件信息的真实即可。另外，虽然银行卡号本身不能用于识别自然人，但若通过银行授权的接口[1]对用户绑定的银行卡进行验证，则能够间接关联到用户的真实身份，这与身份信息有同等效果。

第二级，通过绑定信息识别"可疑"身份

绑定信息包括用户使用产品的设备、绑定的手机号、关联的快捷登录账号等。这些信息虽然不能像身份信息那样直接标识自然人，但在不具备第一级识别条件的产品中能够发挥"可疑"识别的作用——如果两个或两个以上用户具有至少一项相同的绑定信息，那么这些用户有可能对应同一个自然人，我们将这些用户放置到同一个"可疑集合"中。通过识别这一级，产品中的用户被划分为多个"可疑集合"，再递进至第三级进行交叉识别，可得到更精确的自然人识别结果。

第三级，利用行为数据增强身份识别

同一个"可疑集合"中的用户账号若存在下列行为，则可疑度进一步提升。

- 近期通过同一网络联网。
- 每天的活跃时段相近。
- 活跃行为和操作习惯相似。例如总是通过相对固定的入口打开一个具有多个入口的功能，以及触摸、单击、打字的频率和偏好相似。
- 近期活跃时段的位置轨迹相同。既考虑用户不停地移动，而多个时间点的定位（即位置序列）相同，也考虑用户在较长时段里停留在某处，而这个位置是相同的。
- 存在小号特征的好友关系链。如果一个人拥有不少于两个社交 App 账号，且用户通过每个账号在 App 中试图扮演不同的角色，那么账号中的小号很可能会与主号互为好友关系，而每个账号的关系链鲜有交集，这种关系链特征我们称为"小号特征"。

读一读

小号特征

根据实践中的用户研究，约有 72%拥有小号的用户满足此特征。例如一位昵称为 Katharina 的女性用户是某 IT 公司的职员。她通过主号与同事和要好的朋友联系，并在其中展现她的职业性；同时她虔诚地信仰佛教，并通过小号活跃于宗教协会成员及佛教爱好者组建的社区中，

---

[1] 银行接口通常会对客户进行"四要素"验证，即开户姓名、卡号、身份证号、手机号必须全部一致。这样一来，通过银行接口便可确认用户的真实身份。

> 以这种方式让自己暂时远离世俗，静心禅修。Katharina 的这两个账号中几乎没有相同的好友，而主号与小号却彼此互为好友。多数同时使用多个账号的用户会以这种方式对工作上的同事、合作伙伴和私人生活中的家人、密友区分联系，避免相互干扰。
>
> 判断多个账号之间的小号特征，必须以这些账号存在较高的"可疑度"为前提，相反，从产品中任意选取两个或更多账号直接根据它们是否存在小号特征而判断是否同属于一个自然人是毫无意义的。

我们可以为递进策略设计一个量化评估表，在该表中为每一项"可疑"判断设立**一个得分**，以及整体得分的**两个阈值**。若多个账号通过这份评估表逐级评估的得分达到或超过第一阈值，则将它们列为同一个"可疑集合"；若达到或超过第二阈值，则将它们识别为同一个自然人，并赋予它们同一个标识（可定义为**自然人 ID**，拥有相同自然人 ID 的用户账号被认为属于同一个自然人）。表 20-1 以上文为例对这种量化评估表进行示范，第一阈值为 60，第二阈值为 100。

表 20-1　自然人识别递进策略量化评估表示例

递进等级	评估项	加分规则	减分规则
第一级	绑定同一居民身份证	若身份证信息已经过可信认证，则加 100 分；若不具有可信认证的条件，则加 40 分	若身份证信息已经过可信认证，但不是同一身份，则减 50 分
	绑定同一其他证件（护照、驾驶证等）	若证件信息已经过可信认证，则加 100 分；若不具有可信认证的条件，则加 20 分	
	绑定同一银行卡	若能够根据银行卡获取到可信的真实身份，身份相同则加 100 分；若不具有验证银行卡的条件，但开户行和银行卡号相同，则加 20 分	
第二级	近期使用同一设备	若得分未达第一阈值，则加 60 分；若已达第一阈值，则加 10 分	—
	绑定同一个手机号	若得分未达第一阈值，则加 60 分；若已达第一阈值，则加 40 分	—
	关联同一个快捷登录账号	若得分未达第一阈值，则加 60 分；若已达第一阈值，则加 30 分	—
第三级	选取一个或多个考察期，考察期内通过同一网络联网	在每一个考察期限内，通过同一网络联网重叠时长累加占考察期总时长的百分比：不低于 80%，加 10 分；低于 80% 但不低于 60%，加 5 分；低于 60% 但不低于 30%，加 2 分。多个考察期按上述规则累加得分，但此项累加不得超过 20 分	

续表

递进等级	评估项	加分规则	减分规则
第三级	选取一个或多个共同活跃日，活跃日内有相近的活跃时段	在每一个活跃日内，活跃时段重叠时长累加占活跃时段总跨度的百分比： 不低于80%，加10分；低于80%但不低于60%，加5分；低于60%但不低于30%，加2分。 多个活跃日按上述规则累加得分，但此项累加不得超过15分	—
	选取不少于3个主要功能或模块，并选择不少于5个活跃日，考察每个账号的操作行为	每个模块每个活跃日的操作行为相似度： 不低于80%，加5分；低于80%但不低于60%，加2分。 每个模块每个活跃日按上述规则累加得分，但此项累加不得超过30分	每个模块每个活跃日的操作行为相似度： 低于40%，减5分。 每个模块每个活跃日按上述规则累减得分，直到将第三级得分减至0
	选择不少于5个所有账号均有位置数据的日期，两两考察每个账号的位置轨迹	若两个账号位置轨迹均是多点定位构成的位置序列，相同位置在各自序列中出现的先后和时段一致，则加10分； 若其中一个账号的位置轨迹只包含一个固定位置，则观察另一个账号是否在相同的时段内也处于该位置，是则加5分。 每个活跃日按上述规则累加得分，但此项累加不得超过20分	—
	存在小号特征	若得分已达第一阈值，则加20分；否则不加分	—

由于上述策略在识别自然人时存在一定的试探性，为了适应产品和用户行为的不断变化，同样需要为自然人标识制定**过期规则**来不断修正各种误差。用户账号的自然人标识一旦过期，则需要按照规则重新识别。

第21问 为什么要进行用户建模和用户分层？

我们通过上报数据所获取到的用户特征并不总是显而易见的，有时候我们对它们全然未知，有时候它们隐藏在数据背后。这些时候，用户建模和用户分层就派上用场了——基于已知探索未知，抑或让用户的群体特征浮出水面。

21.1 用户建模，基于已知探索未知

看到"建模"和"模型"这样的词汇，你一定会想到调查研究学科中的那些专业的建模方法论，诸如结构方程模型、技术接受模型；或者联想到大学数学建模课程中那些深奥的数理概念，诸如微分方程模型、差分方程模型。诚然，专业的建模方法论和科学的求解算法是理解和研究自然科学及人类社会领域前沿问题不可或缺的帮手。不过，我们在此讨论的用户建模主要用来**处理产品运营中的基础问题**，会借鉴专业建模方法论中的部分思路，却远没有那么复杂。

读一读

什么是建模？

简单地说，建模（Modeling）就是基于现有认知建立一套逻辑，来识别特定的事物、描述事物间的未知关系或解决符合一定特征的未知问题，这里的现有认知可以是数据，也可以是对事物间已知关系（无论是客观的还是主观的）的理解，建立的这套逻辑称为模型（Model）。模型往往需要在实际应用中不断被修正，以使它在设定的领域有更高的普适度。我们在读大学期间经常打交道的"加权平均分"就是建模的一个简单例子，它是将我们各科考试成绩、

各科学分、总学分等（已知数据）以各科学分占比为权重计算出的总成绩（逻辑），可以用来评估我们在学业上的表现。当然，以这样的模型来评估学生仍是片面的，因此会有学校将学生的品德、社会实践、竞技获奖等情况量化后补充到模型中，以期做出综合性更强的评估。银行等金融机构也是通过风控模型来评估客户的信用和偿还能力，决定要不要给一个客户发放贷款以及放贷额度和利率，风控模型也相当于是利用历史数据预测未来可能会发生的情况。

在第 20 问中我们曾讨论过对匿名访客和自然人的识别，这些识别策略就是对用户建模思想的一种运用。用户建模（User Modeling）的一般过程如下：

- **第一步**，根据我们对用户以及用户与各种事物关系的**已有认知**，对我们要解决或评估的问题**提出假设**；
- **第二步**，基于这些认知和假设构建**一个自洽的复合型逻辑**，即模型；
- **第三步**，**将用户数据代入模型中**，观察所得到的结果是否能够证实或证伪我们提出的假设；
- **第四步**，通过对模型的不断实践形成新的认知，检验逻辑中存在的不足，进而**迭代修正模型**。

如图 21-1 所示，用户建模是一个循环过程，相应地，自然人识别模型的过程，如图 21-2 所示。

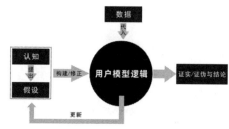

图 21-1 用户建模的过程

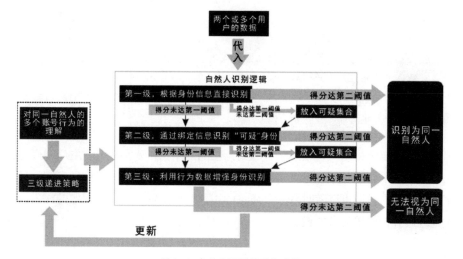

图 21-2 自然人识别模型的过程

如果通过自然人识别模型能够将一个人注册的多个账号识别出来，那么我们就可以说这个用户模型是有效的，相反则是无效的。即便有效，用户模型也不见得能够适配所有情况，因此，后续对模型的迭代修正是必不可少的步骤。

 读一读

建模的应用场景

在产品运营中，用户建模常应用于如下场景。

用户属性挖掘：性别、年龄等基本属性或来自用户实名认证信息，或由用户在注册时填写，除此之外其他大多数属性需要建模挖掘。这包括用户的职业、兴趣爱好、行为习惯、人际关系等，可以利用用户经常出入的地点、加入的聊天群的主题、活跃行为、好友关系链等数据进行建模。前面我们讨论的对用户所在城市的判断，也是一种建模思路。另外，即使是性别、年龄等基础属性，当我们无法确定用户提供的是否真实时，也可以通过建模来求证。

个性化推荐：哪些推荐内容是用户感兴趣的，并能激发她/他进一步操作（或完成运营转化）的欲望？用户会在多大程度上接受被推荐的内容？与用户属性挖掘类似，可以通过建模得出适配每一个用户的个性化推荐方案，这将包括推荐的内容、展示形式、展示时机、持续时长。值得注意的是，由于用户模型总是不完美的[1]，所以应当为用户提供一个反馈渠道来收集用户对推荐内容的看法，这些反馈信息将是改进个性化推荐模型的有力参考。

用户画像拓展：如果说前两个场景是为了尽可能挖掘每个用户的差异点，那么用户画像则是用数据对所有用户进行高度概括。正如我们在 4.1 节探讨的，用户画像可以帮助我们随时了解产品或功能的核心用户特征。除了基本特征，还有哪些其他特征能使用户画像更加立体？通过建模寻找那些能够被高度概括的特征，以拓展用户画像。

反作弊：像网络游戏、互联网金融这类产品，涉及竞争规则的公平性，资金、资产的安全性以及运营的合规性，通常需要建立有效的反作弊模型，及时筛选出那些试图通过非正常手段获利的可疑用户，并采取相应的措施。比如，游戏中一位玩家用户的某项等级成长得过快，即便在所有条件都处于最具优势的正常情况下也不可能获得如此迅速的成长，那么这位用户很可能使用了外挂之类的作弊手段。再比如，在互联网金融产品中，若有用户在一段时间里进行了频繁且大额的充值，又在不进行任何投资的情况下大规模提现，这就疑似在进行信用卡套现、资金非正常转移等非法行为。

现在你一定觉得用户建模不是什么高深莫测的东西了，实际上，用户建模与其说是一种方法，不如说是一种思维——**基于已知建立逻辑，检验假设探索未知**。只要建立了这种思维，我们可以随时从一个简单的用户模型出发，并随着问题的深入，自然而然地理解并构建更复杂的模型。

---

[1] 出自英国著名统计学家 George E. P. Box（1919—2013）的格言，"所有模型都是错的，除了个别有用的"（原文为 All models are wrong, but some are useful.）。

21.2 用户分层，让群体特征更明显

在社交 App 中，一个用户平均每日向好友和聊天群中发送了 100 条消息，那么这个数量在每日发送消息行为中处于什么水平？假设你是一位网络社交的重度用户，肯定会对"每日发 100 条消息"不以为意——这是轻而易举就可以超越的水平。然而，当你查阅产品数据后很可能会惊讶——原来产品全局每日人均发送消息数也不过 20 条左右，主要原因是超过 65%的用户只是被动地回复好友的消息，这些用户日均发送消息数小于 10 条，拉低了全局平均值。所以日均发 100 条消息的用户在这类行为中处于一个较高的水平。

由此设想，每日发 50 条、500 条、1000 条消息又处于什么水平呢？若要准确评估它们的水平，就需要按照日均发送消息数对用户进行分层。

- **首先**，选取一段时间（如一周或一个月）的发送消息数据，处理得到每个用户在这段时间里的日均发送消息数。
- **然后**，排除日均发送消息数小于 1 的用户，并分别找出日均发送消息数的最小值与最大值，例如为 1 和 6000。
- **最后**，对由最小值与最大值构成的区间进行 n 等分，并标注处于每一个分段区间中的用户所处的日均发送消息水平。

例如取 $n=4$，对 1～6000 这个区间四等分之后得到的分段区间分别为：[1, 1500]、(1500, 3000]、(3000, 4500]、(4500, 6000]，日均发送消息数处于这四个分段区间中的用户，其日均发送消息水平依次记为"低""中低""中高""高"，这样的用户分层如图 21-3（a）所示。区间等分量 n 的取值越高，水平分层就越细化，例如取 $n=5$，用户分层如图 21-3（b）所示。

这种通过将某个指标最小值与最大值构成的区间等分对用户分层的方法称为**区间等分法**，这种方法易于操作，也能够在单一指标上对用户起到很强的区分作用。不过，我们也容易遇到两个问题。

- 一是假设出现极端个例（比如某一个用户的日均发送消息数高达 5 万条，而除此之外的

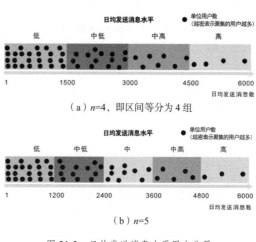

（a）$n=4$，即区间等分为 4 组

（b）$n=5$

图 21-3　日均发送消息水平用户分层

（区间等分法）

用户最也多只发送了 6000 条消息），就会给用户分层引入非常大的偏差（几乎所有用户都被分在了低水平层次中）。
- 二是处于每个分层中的用户数量不均，甚至相差很大，极端情况下会出现所有用户都集中在一个分层中，而其他分层则几乎没有用户。

如果我们希望屏蔽极端个例的影响且每个分层中拥有数量大致相同的用户，就需要换用**规模分位法**，仍以日均发送消息水平为例，步骤如下。

- **首先**，与区间等分法一样，选取一段时间的数据，处理得到每个用户的日均发送消息数。
- **然后**，排除日均发消息数小于 1 的用户，并以日均发送消息数的升序排列剩余用户，记录参与排序的用户数，例如为 150 万人。
- **最后**，将这些用户按排列顺序依次等量划分为 n 组，由低到高标记每个分组的水平。

例如依然取 $n = 4$，每组用户数=150 万÷4=37.5 万。如表 21-1 所示，前 37.5 万名用户被分在第一组中，这一组用户的日均发送消息数在全体用户中处于末尾 25%的位置，故其日均发送消息水平标记为"低"；同理，第二组 37.5 万名用户和第三组 37.5 万名用户的日均发送消息水平分别标记为"中低"和"中高"；最后一组 37.5 万名用户的日均发送消息水平在全体用户中处于头部 25%的位置，故其日均发送消息水平标记为"高"。这样的用户分层如图 21-4（a）所示，若取 $n = 5$，则为更细化的分层模式，如图 21-4（b）所示。

很明显，规模分位法得到的用户分层，在指标区间上的分布是不均匀的，却能够让我们很方便地了解到各用户分层间的差距（比如当得知一个用户的日均发送消息数为 7 条时，我们可以立即知道她/他的这项指标在所有用户中处于后 25%

表 21-1 以日均发消息数升序排列的用户列表

序号	用户 ID	日均发送消息数	
1	U21669331	1.0	
2	U95299624	1.0	低
3	U85230240	1.2	
……			
375,000	U68791069	6.4	
375,001	U26386464	6.4	
375,002	U90266676	6.5	中低
……			
750,000	U70862598	18.2	
750,001	U49482029	18.7	
750,002	U99981363	19.0	中高
……			
1,125,000	U88005699	1003.1	
1,125,001	U17045152	1105.4	
……			高
1,499,999	U50380868	3402.7	
1,500,000	U85471655	5999.5	

的位置)。此外,每一分层用户数量相当,层次内和层次之间具有可比性,也有助于我们做用户的分层抽样研究。因此,在实践中,规模分位法较区间等分法更被普遍采用。

用户分层可以用来做什么呢?这就要回到本节的标题上来——让用户的群体特征更明显,也就是说,单独观察某个分层的用户,能够看到比观察全局用户更鲜明的特征。例如,将日均发送消息各水平的用户分别按性别、年龄段、所在城市类别展开统计,再与全局用户对比,如表 21-2 ~ 表 21-4 所示。

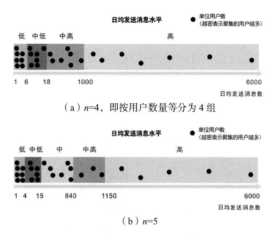

图 21-4 日均发送消息水平用户分层(规模分位法)

表 21-2 日均发送消息各水平用户性别比例

	全 局	日均发送消息水平			
		高	中高	中低	低
女	41.20%	47.60%	44.70%	40.80%	39.50%
男	58.80%	52.40%	55.30%	59.20%	60.50%

注:全局用户包括从未发过消息的用户。第二列数据表示产品全局的女性用户占 41.2%,男性用户占 58.8%;第三列数据表示在日均发送消息水平为高水平的用户中,女性占 47.6%,男性占 52.4%;其他列及后续表同理。

表 21-3 日均发送消息各水平用户年龄段比例

	全 局	日均发送消息水平			
		高	中高	中低	低
低于 18 岁	9.2%	13.2%	10.6%	9.1%	8.7%
18~22 岁	19.1%	26.8%	24.3%	23.2%	19.1%
23~27 岁	32.8%	30.1%	31.4%	32.7%	31.6%
28~32 岁	26.5%	20.3%	22.5%	23.1%	23.2%
33~37 岁	11.3%	8.7%	10.1%	11.1%	15.8%
37 岁以上	1.1%	0.9%	1.1%	0.8%	1.6%

表 21-4 日均发送消息各水平用户所在城市类别比例

	全 局	日均发送消息水平			
		高	中高	中低	低
一线城市	43.6%	39.7%	40.5%	43.9%	41.3%
二线城市	35.3%	46.1%	38.7%	35.2%	37.0%
其他城市	21.1%	14.2%	20.8%	20.9%	21.7%

通过对比不难发现，某些特征在特定分层的用户中表现得更加明显，如图 21-5 所示，我们可以据此进一步提出假设并进行探究，为精细化运营寻找方案。比如，日均发送消息处于高和中高水平的用户在二线城市的占比明显高于全局二线城市用户的占比，由此可以推测二线城市用户的好友关系链更为亲密、发消息互动意愿更强烈，那么针对二线城市用户开展的运营活动可以尝试以关系链和话题引导为切入点，提升二线城市用户的综合活跃度。

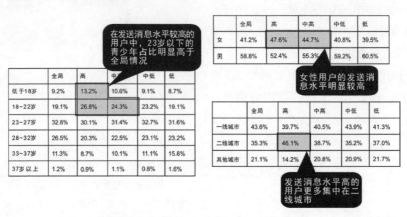

图 21-5　某些特征在特定分层的用户中更明显

无论是区间等分法还是规模分位法，都是通过**单一指标**对用户分层。如果需要综合多个指标对用户分层，不妨借鉴"加权平均分"的思路，即**通过建模或数学公式将多个指标合并为一个综合指标**，然后依据这个综合指标按照我们讨论的方法进行用户分层。例如发送消息和发表动态都是用户在社交 App 中的活跃行为，考虑到这两种行为的复杂度、传播范围和对产品活跃的贡献，我们可以按照"当日发送消息数×0.8+发表动态数×1.5"计算用户的"当日活跃指数"，然后据此对用户分层做进一步分析，这样就不会遗漏那些偏爱产品个别功能的用户了。

21.3　四象限法，实现双维度分组

实际上一个维度本身就是对用户的一种划分，比如"性别"将用户划分为女性和男性。而有些时候，我们需要通过两个维度来细化用户分组[1]，最常见的是**四象限法**，如图 21-6 的示例，根据用户上一个月与当月的活跃情况，将用户划分为：持续活跃用户、活跃沉默用户、深度沉默用户、活跃回流用户。

---

[1] 用维度划分用户我们一般称其为"分组"，而用指标划分用户则称为"分层"。

上月活跃与否和当月活跃与否是两个**无关联的维度**，且对于任意用户总能找到其唯一所在的象限，这就满足四象限法的基本条件。也就是说，若要采用四象限法划分用户，必须满足下列条件。

图 21-6　用四象限法划分用户示例

- 两个维度不具有绝对相关性。
- 每个维度有且只有两种相互对立的取值。
- 对所观察的任意用户，总能被划分到唯一的象限中。

相反，图 21-7 所示的两种情况就不适合采用四象限法。

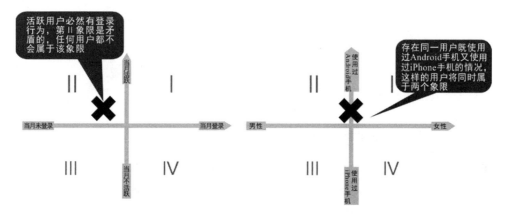

（a）两个维度存在绝对相关性：活跃必然登录　　（b）一个用户可能存在于两个象限中

图 21-7　不适用四象限法的情况

第 22 问 怎样精确控制 A/B 测试？

无论你以何种身份或从某种途径投入互联网领域，相信你一定对 A/B 测试（A/B Testing）耳熟能详。在数据化运营架构中，对 A/B 测试实行精确控制，能够大幅提升测试的效率，使结果更具参考价值。

22.1 回顾一场典型的 A/B 测试

在互联网产品中，A/B 测试多用于从两种产品方案中测试出一种更有助于促进用户活跃度的方案，后续可全面推行。这里测试的可以是交互逻辑、运营活动、推荐算法，也可以是产品的两个版本。

以测试交互逻辑为例，让我们先来回顾一下实施 A/B 测试的典型过程。

- **第 1 步**：设计和实现**基础交互布局**。
- **第 2 步**：设计和实现**待测试布局**，在基础布局之上分出两种**略有差异**的交互逻辑，分别定义为方案 A 与方案 B。
- **第 3 步**：制定测试计划，选出两组用户，让他们分别参与方案 A 与方案 B 的交互。
- **第 4 步**：收集和分析数据。
- **第 5 步**：评估两种交互逻辑的成效，**选出最优方案**进行推广。
- **第 6 步**：规划下一轮 A/B 测试，尤其是当我们无法从这一轮测试中得到满意的结果时，需要调整计划并重新进行测试。

将这 6 步画成图 22-1 后你会发现 A/B 测试近似为一个循环过程。

图 22-1　实施 A/B 测试的典型过程

22.2　用数据控制两组用户的差异变量

典型 A/B 测试中的前两步表明参与 A/B 测试的两个方案在总体上是一致的，二者只是**略有差异**，这个差异就是我们要控制的变量，也是通过 A/B 测试需要验证成效的核心内容。社交 App 好友列表待测试的两种交互方案，如图 22-2 所示。

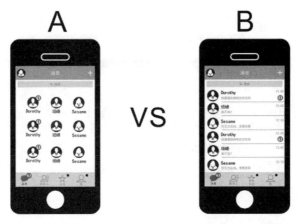

图 22-2　哪一种好友列表更有助于促进用户活跃？用 A/B 测试来求证

在方案 A 中，好友列表采用图标式布局，自上而下、自左向右地排列用户最近联系的好友，单击头像图标可进入与该好友的聊天界面。

在方案 B 中，好友列表采用摘要式布局，自上而下排列，列表项中不仅展示好友头像，而且展示好友的昵称以及最近一次消息或动态的内容摘要等信息。

除了列表布局，二者的其他视觉元素和交互逻辑均是相同的，这样就可以实施 A/B 测试，来验证哪一种列表交互更有助于促成用户的发消息行为，进而影响综合活跃度。

如果两个方案的差异点较多，就难以通过 A/B 测试的结果说清究竟是哪个差异点在起作用，况且，有的差异点对成效具有正向影响，有的则是反向影响，当它们搅在一起时，会扰乱测试结果。

测试计划是实现精确控制测试的关键。在这一步中，**两组用户的选取是至关重要的**。如果参与测试的两组用户在产品行为上存在较大差异，那么同样难以说清最后的结果到底是体现了两个方案的差异还是两组用户的差异——用户的差异成了 A/B 测试的干扰因素。譬如，参加方案 A 的用户本身就比参加方案 B 的用户在发消息行为上更活跃，那么 A/B 测试的结果也会不可避免地更支持方案 A。为了减少这种干扰，我们需要排除那些沉默用户，同时确保两组用户在部分特征上的占比分布**尽可能趋同**。参加 A/B 测试的两组用户的特征分布，如图 22-3 所示。

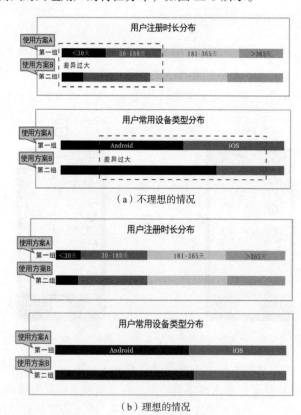

图 22-3　参加 A/B 测试的两组用户的特征分布

应着重控制每组用户的哪些特征呢？一般来说，有两类特征需要控制：**基础特征**

和测试模块相关的特征，其中前者与用户的操作习惯和心理认知紧密相关。在本例中，基础特征有三个。

- **注册时长**。用户是什么时候注册的账号？注册时长衡量用户在时间维度上与产品接触的程度。老用户和新用户可能对产品有着不同的理解和操作习惯。
- **年龄段**。年龄通常与用户的受教育程度、职业和收入等现实因素相关，这些因素同样与用户的认知和操作习惯相关。
- **常用操作系统**。例如，Android、iOS。

而测试模块相关特征可以是：**近期发送消息水平**。这一特征与我们待测试的模块相关，发送消息水平越高，对好友列表的操作也越频繁。

随着 A/B 测试的部署和执行，测试数据会不断地产生，积累一段时间后，就要用这些数据来评估两种方案的成效，并得出结论。在本例中，我们是要找出哪种方案对用户发消息行为有促进，那就不妨绘制两组用户在测试执行以来每一天人均发送消息量的折线图（每组的人均发送消息量=当日该组用户发送消息的总数÷该组用户数）。

如果折线图如图 22-4（a）所示，并且我们也预期方案 B 会更理想，那么这个结果无疑会增加我们对推广方案 B 的信心；

若折线图是图 22-4（b）~（d）的样子，也不要急于安排新一轮测试[1]，这通常给我们**提供了很好的思考契机**。

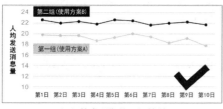

（a）符合预期的理想结果

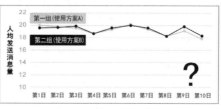

（b）不理想结果：无显著差异

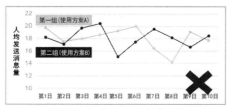

（c）不理想结果：无法评估成效

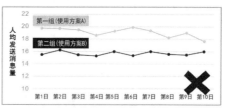

（d）不理想结果：与预期不符

图 22-4　A/B 测试各种可能的结果

---

[1] 在条件允许的情况下，也可以交换两组用户所参加的方案再次实施 A/B 测试，以进一步排除用户差异的干扰。

假设出现了图 22-4（b）的结果，我们可以就此提出这样的疑问：虽然方案 A 与方案 B 在人均发送消息量的影响上表现相当，但在对用户的综合活跃度提升方面方案 B 是否有优势呢？毕竟提升综合活跃度才是我们的最终目标。这个疑问不无道理——因为两种方案的区别在于好友列表的视觉和交互，用户会不会向好友发送消息、向谁发送消息更大程度上取决于交往和联络的需求，而非操作界面。但是用户通过方案 B 可以看到好友的近况信息，触发用户查看好友动态、点赞和评论的意愿，这些行为同样可以促进综合活跃度的提升。

我们将折线图纵轴指标更换为"人均活跃指数"来验证这个猜想。参照第 16.2 节我们讨论的活跃指数的口径，计算参与测试用户每日的活跃指数，并重新绘制折线图来对比两组用户的表现。如果我们得到如图 22-5（b）所示的折线图，方案 B 促成了用户的更多活跃行为，则可以认定方案 B 在实现最终目标上确实优于方案 A。

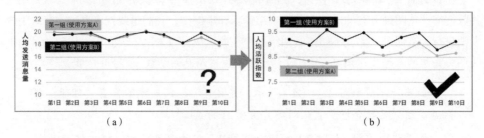

图 22-5　更换指标对比两组用户的表现

在实践中我们会发现，用户如果知道自己是在参加 A/B 测试，会对测试结果造成程度不确定的干扰，因此，除非客观必要，整个测试过程应尽可能让用户**保持无感知**，这包括用户事先不知道自己要参加 A/B 测试、测试进行中用户不知道自己正使用与其他用户不同的方案、测试结束后用户依然不知道发生了什么。尤其是待测试的方案会给不同组的用户或者参加与不参加会给用户带来利益上的不公平时，更要注意这一点，避免给产品口碑带来负面影响。

对于社交 App 而言，用户很可能会通过相互沟通感知到 A/B 测试的存在，因此在选择两组测试用户时要考虑用户的关系链和地理位置因素，比如避免将这样的两个用户选入不同的测试分组中：两个用户互为联系紧密的好友、两个用户是同事关系。

22.3　虚拟 A/B 测试，只靠数据就能搞定

上文讨论的典型 A/B 测试需要提前设计两个略有差异的待测方案，并把它们分别应用到两组特征趋同的用户中，收集测试数据并得出结论。还有一种 A/B 测试的模式

在产品运营中同样常见，这种 A/B 测试既不需要事先制定两个差异化方案，也不需要事先选取参加测试的用户，而是事后**通过各种上报数据模拟 A/B 测试的过程**，由于全程依靠数据、不存在可见的 A/B 测试过程，因此我们可以将这种 A/B 测试称为**虚拟A/B 测试**。

例如，产品在新版本中优化了支付功能的用户体验，新版本发布后，我们想知道这一优化的成效如何，就可以应用虚拟 A/B 测试。

首先，挑选两组测试用户。

与典型 A/B 测试相同的是，这两组用户要数量相当，且在部分特征上相近；而不同的是，这两组用户**要有一个差异性特征**。注意，我们并不需要安排这两组用户参与测试活动，只要观察和分析他们的数据即可。结合要测试的内容，我们用以下规则来挑选两组用户。

①**注册时长、年龄段、常用操作系统的分布相近**。如上文讨论，这些基础特征确保两组用户在操作习惯和心理认知上是可比较的。

②**新版本发布前 30 日，日均支付次数和日均支付金额分布相近**。这二者是测试模块的相关特征。

③**新版本发布后，两组用户在升级行为上存在差异**。把没有升级到新版本，至今保持使用旧版本的用户分配到第一组，把在新版本发布当天完成升级，至今保持使用新版本的用户分配到第二组。这个差异性特征也是 A/B 测试内容的体现。

其中②和③让我们把测试焦点放在新版本的优化上，排除了用户主观因素的干扰。在新版本发布前，两组用户在支付功能中表现出的活跃行为是一致的，但之后的选择出现了差异。

然后，取出两组用户在新版本发布前 30 日至今的支付行为数据。

这里需要计算每组用户每一天的人均支付次数和人均支付金额。

> **读一读**
>
> 这里每组用户的"人均支付次数"和"人均支付金额"与用户分组特征中的"日均支付次数"和"日均支付金额"虽然名称相近，但却是完全不同的指标，你能指出它们的差别吗？
>
> 人均支付次数=该组用户当日支付总次数÷该组用户数
>
> 人均支付金额=该组用户当日支付总金额÷该组用户数
>
> 以上二者是以**组**为单位衡量**整组用户**的支付行为。
>
> 日均支付次数=用户在一段时间里支付次数总和÷这段时间的天数
>
> 日均支付金额=用户在一段时间里支付金额总和÷这段时间的天数
>
> 以上二者是以**用户**为单位，衡量**单个用户**在一段时间里的支付行为。

最后，分析数据并得出测试结论。

根据两组用户每一天的人均支付次数和人均支付金额绘制折线图，如果折线图是图 22-6（a）的样子，则说明新版本对支付功能的优化是有成效的（人均支付次数提升约 32.7%，人均支付金额提升约 14.5%）；如果折线图是图 22-6（b）的样子，则说明新版本的优化在整体上没有显著成效，但不排除在其他细分层面上有提升（如新版本让过去很少使用支付功能的用户开始较频繁使用支付功能了，这可以进一步分析求证），因此这不算是最糟糕的情况；如果折线图是图 22-6（c）的样子就比较糟糕了，我们原本期望新版本能让用户更好地使用支付功能，却适得其反，老板一定会不满意的！抓紧召集产品团队的成员制定新方案吧。

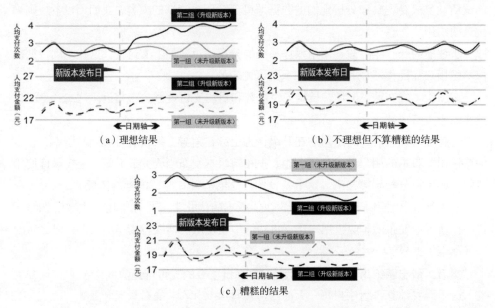

图 22-6　新版本虚拟 A/B 测试各种可能的结果

由此可见典型 A/B 测试和虚拟 A/B 测试虽然思路大致相同，但在适用场景和实施过程等方面有非常大的区别，表 22-1 是对这些异同点的总结。

表 22-1　比较典型 A/B 测试与虚拟 A/B 测试

	典型 A/B 测试	虚拟 A/B 测试
适用场景	从略有差异的两个计划推行的方案中评估出更优者以进行推广。如页面布局、交互元素、优惠方式、推荐算法	评估已经推行的方案对用户的影响或成效是否符合预期。如已发布的新版本、运营活动、商务合作

续表

	典型 A/B 测试	虚拟 A/B 测试
对方案的要求	需要制定两个略有差异的方案，其中的差异点即测试重点	不需要特别设计的方案，原则上任何已经开始实施的方案都可以进行测试
对用户的要求	需要选出两组用户分别参与到两个方案中，这两组用户在关键特征上尽可能趋同	需要选出两组用户用以观察和分析，不需要安排他们参与测试活动。这两组用户在方案实施前关键特征趋同，但只有其中一组用户自发参与了方案
前期数据依赖	方案不依赖前期数据，用户的选取依赖于用户的各种特征数据	方案和用户都依赖于前期数据，如果没有足够的数据积累，则无法实施测试
实施灵活度	一般，每次实施都要精心设计方案并筛选参与的用户	高，只要数据充分，任何时间都可以实施
调整灵活度	高，A/B 测试得到的结果是评估性的，若不符合预期，可以调整方案安排新一轮的 A/B 测试	低，A/B 测试得到的结果是结论性的，由于方案已实施，贸然调整成本会非常高

第23问 数据是怎样推动产品灰度发布的?

灰度发布的"灰"是介于"白"(正式发布)与"黑"(不发布)之间的过渡,它犹如一颗照明弹,能对新功能一探究竟,协助我们对产品迭代做出决策。在数据化运营架构中,灰度发布同样离不开数据这一关键推动力。

23.1 灰度发布,为产品引路的金丝雀

读一读

> 灰度发布英文称作 Canary Release,其中 canary 指金丝雀,一种体形细长、鸣声婉转的小鸟。20世纪早期,欧洲煤矿工人常带着几只金丝雀入矿作业。由于金丝雀身材小、呼吸频率高、新陈代谢快,对矿井中一氧化碳等有毒气体更为敏感。煤矿工人一旦发现金丝雀反应异常,就知道有暗藏毒气的危险,他们会立即采取防护措施或者逃离矿井,以免中毒身亡。

灰度发布之于产品,犹如金丝雀之于煤矿工人,对于变更剧烈以及质量不确定的新版本先面向志愿者用户灰度发布,并通过与这些用户互动收集充足的反馈,如果反馈不理想,可以及时优化或否决该新版本,让我们能够把控负面影响的范围。灰度发布也一直被包括腾讯、微软在内的国内外知名互联网企业广泛采用,为灰度发布公开招募志愿者,如图 23-1 所示。

第 23 问　数据是怎样推动产品灰度发布的？

（a）QQ 产品团队通过腾讯体验中心为 QQ 测试版招募体验用户

图片来源：exp.qq.com

（b）加入微软 Windows 预览体验计划的用户可以在第一时间体验 Windows 10 操作系统的最新功能

图片来源：insider.windows.com

图 23-1　为灰度发布公开招募志愿者

正式发布的版本会影响全体用户，其稳定性关系到产品的声誉，因此无论何种规模的产品，公司和产品团队都会对正式版本的发布非常谨慎，而灰度发布的版本可以相对放宽要求。诚然，为了让灰度发布效果良好，制定灰度发布计划是十分必要的。实践中，围绕一个新版本，通常要**循序渐进地安排多轮灰度发布**，这样做有两方面的好处：**一方面**，灰度版本的运营工作得以与产品研发的收尾工作同步开展，**让灰度版本同时接受用户与技术的双重测试**，从而缩短产品迭代周期；**另一方面**，每一轮灰度发布面向不同规模和特征的志愿者用户群体，这样就可以**依次收集侧重于不同维度和深度的数据与反馈**。

图 23-2 所示的是用户量在千万以上的社交 App 的版本周期，每个周期的灰度发布计划包含三轮，每一轮都有所侧重，灰度发布计划各轮对比如表 23-1 所示。

图 23-2　产品版本周期中的灰度发布计划[1]

表 23-1　灰度发布计划各轮对比

	第一轮	第二轮	第三轮
灰度版本名称	预览版（Preview）	Alpha 版	Beta 版
完善状态	已完成当前版本主要功能和模块的开发，且通过冒烟测试[2]。部分细节功能以及非主要功能或模块尚未完善，在使用的过程中可能会频繁触发缺陷，并丢失用户数据	在预览版的基础上修复了重大缺陷，补充了部分附加功能，完善了细节逻辑。在用户常规操作下，主要功能和模块能够正常使用，但仍然存在较多的缺陷	已实现当前版本的所有功能、模块和细节逻辑。视觉与交互上已非常接近于正式发布版本，但仍然存在影响稳定性的缺陷。技术层面，与全面的系统测试同步开展
可参与用户	以公司内部员工为主，包括产品团队内外成员。也可邀请少量乐于体验的资深用户参与	乐于体验的用户	全体有意愿的用户
参与方式	向用户发出定向邀请，用户接受后可参与	公开招募，用户自愿报名。从报名的用户中挑选符合条件的用户发放最终参与资格	与 Alpha 版相同，或者开放下载，任何用户都可以通过安装参与
参与规模	不超过 100 人	产品用户量的 1%	产品用户量的 5%~10%
测试目的	判断开发实现与产品需求是否匹配；评估基本视觉和交互逻辑；寻找主要功能和模块中的疏漏	观察用户对当前版本新增功能和变更的接受程度；寻找依然存在的缺陷	收集更多用户对新版本的评论和意见；寻找技术测试可能遗漏的缺陷
反馈收集方式	以面对面沟通为主。也可以配合用户访谈、焦点小组、可用性测试等手段	以用户主动反馈或在社区中发表意见为主，结合数据上报。针对部分用户进行必要的电话访谈或面对面沟通	以数据上报和用户主动反馈为主，同时结合用户在社区中发表的意见。针对部分用户进行必要的电话访谈或面对面沟通

[1] Alpha/Beta 是 20 世纪五六十年代 IBM 用于硬件开发测试体系的术语，之后受到各领域广泛关注，并被软件行业借鉴，实践出一套沿用至今的软件质量管理体系。

[2] 冒烟测试（Smoke Testing）通常是软件测试的第一关。通过冒烟测试的软件能够正常启动，且不会破坏系统的稳定性，但不能确保软件的质量和逻辑的正确性。软件的完善还需要更深入的后续测试。

在上述灰度发布计划的执行中，数据的推动主要体现在以下三个方面。
- 对参与用户的筛选。
- 对参与用户的数据跟踪。
- 把质量数据作为能否进行下一轮发布的依据。

23.2 对参与用户的筛选

预览版和 Alpha 版由于功能尚不完备，需要严格控制用户的参与人数。

对于**邀请式参与，用户特征数据可以用来圈定拟邀请用户的范围**，从中抽取合适数量的用户，向他们发出邀请，用户接受后获得参与资格；对于**招募式参与**，由于不符合要求的用户也可能前来报名，**用户特征数据同样可以用来对报名用户做筛选**，只对符合要求的用户发放参与资格。

将每一轮拥有参与资格的用户列入该轮灰度版本的白名单中，仅允许白名单用户登录灰度版本，禁止其他用户登录。如果没有白名单机制，万一安装包被泄露，不稳定且不完备的产品就会曝光给大量无参与资格的用户，影响产品口碑。

有时，为了保证用户反馈的效果，一轮灰度发布会分多期开展，一个有资格的用户只能参与其中的一期。这就需要对用户做去重处理，从每一期的白名单中排除那些前期已经参与过的用户。

考虑到灰度发布的效率，开发团队通常会使用企业开发者账号打包 iOS 的灰度版本，而不是提交至 App Store。这样的安装包虽然可以发放给用户自由安装，但依然存在风险[1]。因此，灰度版本也可考虑以越狱安装包的方式发布，这样参与者就必须是 iOS 越狱用户。若前期的上报数据中包含 iOS 用户的越狱状态，则可以通过数据处理实现筛选。

23.3 对参与用户的数据跟踪

除了面对面沟通、电话访谈和社区反馈，**分析上报数据也是跟踪用户反馈的重要途径**，同时又是全量分析用户行为和版本质量的唯一途径。

与正式版本相同，灰度版本的日常运营指标同样需要被统计和展示。对于灰度发布重点测试的新功能和模块，还应建立专门的展示和监控机制，如新功能的用户渗透率[2]、人均使用时长、操作中断的情况，按日评估这些功能和模块的健康程度，

---

[1] 根据苹果开发者协议（参阅 https://developer.apple.com/terms），企业开发者账号发布的安装包仅限企业内部使用，不能公开下载，否则开发者账号会被封禁。
[2] 灰度版本新功能的用户渗透率=使用该功能的用户数÷登录灰度版本的用户数×100%。

以寻找可能存在的缺陷,以及在体验上使用户受挫的节点。

为了精确观察用户在新功能上的表现,我们可以应用"**染色方案**"——在灰度发布前选取少量拥有参与资格的用户并进行标记,这种标记称为"染色"。

当染色用户使用灰度版本时,不仅上报与其他用户相同的常规数据,部分额外的"染色数据"也会被上报。染色数据包括用户在每个页面的单击、滑动、焦点跳转等浏览轨迹,执行每个操作时系统的资源状况,以及供程序调试的日志。

通过染色数据,我们可以还原染色用户使用产品的场景,既能观察到用户的每一步操作,又能了解设备在用户操作时响应了什么,这些都是我们分析用户痛点和新功能缺陷的重要参考。由于染色数据较常规数据量更大,且考虑用户隐私,不便于对太多用户染色。因此,通常只对那些我们熟悉其情况且乐于分享的志愿者用户染色,便于我们与染色用户保持沟通,并能够站在用户的角度观察染色数据。

23.4　把质量数据作为能否进行下一轮发布的依据

在正式版本中,质量数据主要供质量管理人员评估产品质量、制定质量管理的工作流程,与产品运营交集较小;而在灰度版本中,**质量数据会成为产品运营工作的重要参考**,我们常依据质量数据来决定能否进行下一轮的版本发布,如从 Alpha 版到 Beta 版、从 Beta 版到正式版本。

Crash 率[1]是最具代表性的质量数据指标之一,也是最能直接反应版本稳定性的指标之一。假设产品的 Crash 率为 1%,看上去很低,但对于一款有 1,000 万日登录用户数的产品而言,这意味着平均有 10 万名用户在一天内会遇到闪退现象。想象一下这 10 万名用户,哪怕只有其中十分之一的用户,在各大应用商店和社交平台抱怨产品无法使用的后果吧!因此,如果不把 Crash 率降到足够低,是没有资格进行下一轮发布的。对于用户在千万数量级及以上的产品而言,Alpha 版的 Crash 率不得超过 1%、Beta 版不得超过 0.1%,而对正式版本要求更高,不得超过 0.01%。

同理,结合产品的实际情况,质量数据的其他指标对版本发布同样具有指导意义。

23.5　灰度发布的注意事项

关于灰度发布,有三点注意事项值得一提。

其一,除了产品全局性运营指标(如日登录用户数、日活跃用户数),**灰度版本**

---

[1] Crash 率即闪退率,一般定义为:产品发生闪退的用户数÷登录用户数×100%。闪退是指产品在用户未主动退出的情况下发生的不正常退出现象,常见于手机 App,表现为 App 在使用过程中突然关闭。

的数据在处理和展示时通常要与正式版本分开，特别是质量数据，以避免干扰我们对数据的判断。

其二，应确保一个灰度版本的**白名单在下一轮发布后的一定时间内失效**，届时任何用户都无法登录这一灰度版本，避免有用户会一直停留在不稳定的灰度版本中，给用户带来糟糕的体验。

其三，**参与灰度版本的用户是知情的**，这点与 A/B 测试不同。一方面，为了用户的利益，我们在发布灰度版本时，必须明确告知志愿者用户这是供测试用的版本，并需要向他们说明使用灰度版本意味着什么；另一方面，为了促成灰度发布的目的，还应引导用户在使用过程中提出体验意见，倾听用户对灰度版本的抱怨。

站在产品运营的视角，灰度发布对计划性有较高要求，灵活性相对 A/B 测试较弱，整个过程甚至要比正式发布投入更多的精力。值得庆幸的是，一旦我们在灰度发布中做足功课，正式发布阶段的工作将会开展得十分顺利。

 读一读

产品迭代，应当"小步快跑"，而不是"憋大招"

如果产品的新版本较上一版本发生了较大的更新，灰度发布无疑是验证这些更新成效的理想手段。然而，软件行业内有大量专家并不赞同这种"憋大招"式的发布，而倾向于"小步快跑"式迭代，Martin Fowler[1]就是其中的代表人物。

Martin Fowler 指出将大量新功能付诸产品不应总是依赖于灰度发布，考虑到用户的习惯、学习成本、接受度等综合体验，最好将这些新功能拆分为多个小模块，随着多个版本的发布逐渐被引入和更新，以降低引发那些难以预料的问题的概率。

---

[1] Martin Fowler（1963—）英国软件工程师、ThoughtWorks 首席科学家、软件工程畅销书作家，代码重构实践体系奠基人。

"随机播放"为什么让用户感觉不随机？

"只有形成规模的数据，才有利用的价值；只有大多数用户表现出来的特征，才能通过数据观察到。"对于包括天天接触"大数据"概念的互联网从业者在内的很多人，很容易产生上述误解。实际上，数据不仅能够支撑产品运营中对宏观问题的解决，同样可以用来捕捉用户的情感。要相信，用户终会为我们的用心付出而感动。

24.1 请随机播放几首歌曲

如果常年关注互联网，那么相信你对下面的故事不会陌生。

iPod 的"随机播放"风波

苹果公司早期推出的 iPod 播放器所配备的随机播放功能，严格遵循数学上独立性事件随机的含义，使得用户听到的每一首歌曲都是真正随机抽取的。然而，用户却不买账，他们怀疑 iPod 的随机播放一点也不随机——有些歌曲总是反复播放，而有些则从未播放。于是 iPod 团队深入研究用户行为，最终应用洗牌法[1]对随机播放模式进行了人为干预，避免播放过的歌曲、专辑连续反复出现，使播放的每一首歌曲都能为用户带来一丝新鲜感。这样的优化虽然使随机播放不再真正随机，却使用户感到了"真正的"随机，优化了用户的听歌体验。

---

[1] 洗牌法在播放器产品中主要体现为将一系列曲目进行随机排序，然后按照排列的顺序依次播放。每当用户选择随机播放，就对所有曲目进行一次洗牌（Shuffle），这样用户就可以随机且不重复地听完所有曲目。洗牌的过程中可以加入对用户偏好、当前时间等因素的考虑，让用户对听到的曲目顺序更加满意。但要当心，当曲目较少或用户收听时间较长时，重复按照一个已打乱但固定的顺序播放所有曲目仍然会让用户感到不舒服。若你有兴趣深入了解，可参阅著名在线音乐平台 Spotify 对歌曲洗牌的描述，地址为 https://labs.spotify.com/2014/02/28/how-to-shuffle-songs/。

取一枚质地均匀的硬币,连续抛掷 10 次,你会发现结果更类似于"正正反反正反正正反"这种存在连续正面或连续反面的情形,而不太可能是"正反正反正反正反正反"这种正反面均匀交替出现的情形。但是,前者这种真正意义的随机模式无疑会让用户失望,而后者反而符合用户对随机播放功能的心理预期。"独立性随机试验难以避免相邻两次出现相同的结果"[1]——这初步解释了为什么数学意义上的随机并不是用户理想中的随机。

另外,通过用户研究我们知道,用户并非对歌曲没有要求,他们希望通过随机播放功能解决选择困难的问题。他们希望产品能够帮自己做决定,找出并播放那些他们当下最想听的歌曲。

在这种情境下,若要优化随机播放功能,就不得不借助于用户数据,例如:

- 计算出用户在不同时间段更喜欢收听的歌曲,根据当前时间,优先播放相应的歌曲或同类曲目;
- 统计出哪些歌曲近期已播放,再次播放时降低这些歌曲的优先级,让用户优先收听近期未曾播放的歌曲;
- 结合用户操作,标记出那些用户频繁跳过的歌曲,降低其播放的优先级。

24.2 还没有注册,就让我登录?

为了便于用户快速使用产品,避免因遗忘密码而受阻挠,产品倾向于让用户通过手机号快捷登录——用户只需要填入手机号以接收含验证码的短信,然后填入验证码这样两步即可完成登录,如图 24-1 所示。如果填入的手机号是首次登录的,那么这个过程会首先实现用户注册。这样,无论是新用户还是老用户,在产品登录上的体验都是一致的。

然而,看似流行且方便的交互,我们依然要怀疑一下:用户真的没有困扰吗? 用户真的能够顺利地完成注册和登录吗?

于是我们提取了快捷登录模块的相关数据(如表 24-1 所示),并按新用户与老用户分别统计(若最终登录的手机号为首次登录,则认定为新用户,否则认定为老用户,下同)。

表 24-1　快捷登录模块的相关数据(优化前)

	新用户	老用户
第一步的平均停留时长(秒)	18.5	9.7
第二步的平均停留时长(秒)	6.4	6.1
登录注销率	5.5%	1.9%

注:1. 若最终登录的手机号为首次登录,则认定为新用户,否则认定为老用户;

2. 登录注销是指登录成功后,在同一会话超时前又主动注销了登录,表现为更换账号的倾向。

---

[1] 请参阅《概率论》中著名的"生日悖论"。

表 24-1 的数据能给我们什么启发呢？

（a）第一步：输入手机号　　（b）第二步：填写验证码并完成登录

图 24-1　手机号快捷登录交互（优化前）

首先，新用户在第一步的平均停留时长比老用户多 90.7%，也许是新用户操作不熟练的缘故，但是从第二步的平均停留时长看，操作不熟练似乎并没有使新用户比老用户多花费多少时间。因此，**我们怀疑第一步的页面存在困扰新用户的因素**。

其次，新用户的登录注销率是老用户的近三倍！这个似乎有些夸张——是什么原因让新用户登录后不久又主动注销了登录？是要更换登录账号吗？

针对第一个问题，招募新用户开展可用性测试后，锁定了主要原因：第一步页面引导用户使用手机号快捷登录，没有任何注册说明，而新用户习惯性地认为登录前要先注册。于是他们试图在页面中寻找注册入口，直到找遍整个页面无果后，才抱着试试看的心态在登录引导中填写了手机号，这才发现原来产品不需要额外注册。[1]

至于第二个问题，我们将新用户登录注销的数据提取出来进一步分析，看看这些新用户在注销登录后又做了什么，得到图 24-2 所示的结果。我们注意到，注销登录的新用户转而用旧账号再次登录的比例明显高于其他情形，说明这部分用户实际上应当是老用户，只是登录时验证了新的手机号，导致被认作新用户。他们为什么要这样做呢？通过用户回访了解到，这些用户拥有至少两个常用手机号（得益于双卡双待手机），他们使用其中一个手机号完成首次注册，经过较长时间后重新登录，由于忘记

---

[1] 实际上，在寻找注册入口无果后，选择试试看的用户大约只占受挫新用户的一半，还有一半会放弃使用产品，这给产品拉新造成了不小的损失。

之前登录的是哪个手机号，于是随机尝试用一个手机号登录，登录后才发现不是他们原本的账号，这就有了注销登录，再次以老用户身份登录的操作。

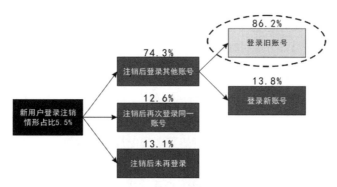

图 24-2　局部数据再分解：新用户登录注销后的操作

结合上述分析与研究，最终产品团队调整了登录的两步页面（如图 24-3 所示），在第一步中对新用户注册进行引导；在第二步中明示用户当前验证的手机是否首次登录，若不是用户想要登录的账号，可返回第一步页面重新填写手机号。

（a）第一步：输入手机号　　（b）第二步：填写验证码并完成登录

图 24-3　手机号快捷登录交互（优化后）

调整后的版本发布一段时间后，再次提取相关数据，可以看到情况明显改善，如表 24-2 所示。

表 24-2　快捷登录模块的相关数据（优化后）

	新用户	老用户
第一步的平均停留时长（秒）	8.8	9.1
第二步的平均停留时长（秒）	6.5	6.3
登录注销率	0.7%	1.4%

24.3 天啊,刚刚发生了什么?

现在设想我们是用户,正在使用视频播放 App(或其他 App 中的视频播放功能)观看电视剧,突然有事情急需处理,我们不得不暂停播放,暂停时间久了手机通常会自动锁屏。一段时间后当我们再次拿起手机,点亮屏幕,可能会发生如下情况。

- 视频仍处于暂停状态,此刻不想继续观看,于是按下返回键暂时退出 App。整个过程没有让我们尴尬,这样很好。
- 视频仍处于暂停状态,此刻想继续观看,于是单击播放图标,电视剧从之前暂停的位置开始播放。突如其来的电视剧声音充斥着整个房间,房间里其他人的目光不约而同地转向我们,原本的宁静被打破了。一个寒颤过后,我们急忙按音量键调低音量。这才想起暂停前我们是在自己的卧室观看的,为了享受视听盛宴,调到了最高音量。
- 视频从暂停的位置自动播放,无论我们此刻想不想继续观看,上一情景中的尴尬局面都无法避免。
- 当我们再次开始观看时,发现已对电视剧之前的情节印象模糊,"之前演了些什么?"为了印象的延续,这时我们要滑动时间轴来回退播放。

在上述设想中,有三点需要引起注意。

- 暂停播放后,当手机解锁或 App 再次被唤醒时,应**依然保持暂停状态**。用户本就拥有是否继续观看的选择权,且无论用户是否需要继续观看,这样都不会给用户带来困扰。
- 若暂停较久,再次播放时,**过高的音量会给用户带来困扰**。
- 若暂停较久,再次播放时,**延续性中断会给用户带来困扰**。

第一点直接融合到产品功能中即可,几乎不会带来额外成本。至于后两点,我们希望让 App 帮助用户自动完成音量调整和回退播放,但需要进一步论证。

首先,要验证我们设想的问题是否真实存在。选取 7 天内有暂停后再播放行为的用户,观察他们每一次暂停后再播放的 10 秒内的操作,统计结果如表 24-3 所列。

表 24-3 视频 App 暂停后再播放的 10 秒内的操作统计

暂停时长 \ 再播放后的操作	回退播放	快进播放	调低音量	调高音量	调整清晰度	退出/切换视频	其他操作	无操作
暂停 30 秒~1 分钟	10.2%	5.6%	4.9%	3.1%	3.6%	6.4%	7.8%	71.4%
暂停超过 1 分钟但不超过 3 分钟	19.6%	4.8%	10.0%	3.8%	4.3%	8.3%	7.5%	62.2%
暂停超过 3 分钟但不超过 10 分钟	34.9%	5.2%	15.4%	5.9%	5.1%	10.5%	8.0%	37.3%

续表

暂停时长	再播放后的操作 回退播放	快进播放	调低音量	调高音量	调整清晰度	退出/切换视频	其他操作	无操作
暂停超过10分钟但不超过30分钟	43.7%	4.6%	21.3%	12.4%	7.5%	19.2%	6.6%	17.8%

注：暂停再播放后的 10 秒内，一个用户可能进行多种操作，故表中每一行数值相加会超过 100%。

表 24-3 中回退播放和调低音量两列数据说明，在较多情形下用户确实会倾向于回退播放和调低音量这两种操作，且这两种操作的占比会随暂停时间的延长而显著增加，在暂停超过 10 分钟但不超过 30 分钟的情形里，再播放时进行回退播放操作的占了接近一半，而调低音量操作也超过了五分之一。这说明**我们所担心的问题是存在的**。

其次，要计算怎样调整是合适的。对于回退播放而言，根据我们的主观理解，暂停时间越长，再播放后需要回退得越多。为了了解这里的数值关系，我们抽取暂停时长在 1～30 分钟的 1 千例情形及其回退播放时长，绘制散点图进行观察，如图 24-4 所示。

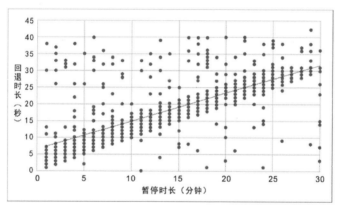

图 24-4 暂停时长—再播放后回退时长散点图

图 24-4 证明了我们的主观理解基本成立，而且从中不难发现，暂停时长与回退时长之间大致呈线性关系，利用回归分析得出应用于产品的方案。

- 暂停 1 分钟及以内，再播放时不进行自动回退播放。
- 暂停超过 1 分钟但不超过 3 分钟，再播放时自动回退播放 5 秒。
- 暂停超过 3 分钟但不超过 10 分钟，自动回退播放 10 秒。
- 暂停超过 10 分钟但不超过 30 分钟，自动回退播放 20 秒。
- 暂停 30 分钟以上，自动回退 30 秒。

而音量调节要调整到怎样的程度，与暂停时长没有直接的关系，并且，受每个视频固有音量、不同用户对音量的感知程度、观看视频时所处的环境、有无佩戴耳机及耳机的音效等因素差异的影响，我们无法对"合适的音量"准确量化。不过，我们仍然可以通过上文中暂停后再播放的数据，梳理出那些进行了调低音量操作的情形里调节后的音量值（0 表示最低音量，100 表示最高音量），从而计算出平均值为 26，较为集中地分布在 12～30 区间上。取 12、20、30 三个音量值，安排产品团队和用户研究团队成员亲临各种场景（包括办公室、电梯厢、卧室、图书馆的自习室、地铁车厢、城市街道）以任意视频节目进行亲身体验，最后达成一致——音量值为 20 时既可以在较为安静的环境中听到视频伴音，又不至于在公共场所干扰他人。最终，在产品中得出了这样的结论：暂停 1 分钟以上，设备未处于静音模式，且设定音量值高于 20，再播放时自动为用户将音量值调至 20。

在这个小案例中，数据推动产品得出了两个细节优化的结论，使用户免受"天啊，刚刚发生了什么？"的困扰。

我们讨论的以上这些细节优化，由于缺少视觉元素的表现，也许无法让用户迅速地意识到，不过，积跬步，至千里，相信随着每一分细节优化的积累，产品的用户体验终会迎来从量变到质变的突破，届时，我们的产品将使竞品难以企及。

在上述案例中我们多次通过数据对用户个体行为进行捕捉和分析，这是小数据思维的一种体现。对于产品经理而言，小数据思维与大数据思维同等重要，甚至在用户需求和痛点挖掘上，运用小数据洞察会更有优势。

你已完成本单元的修炼！
扫一扫，为这段努力打个卡吧。

第四单元
智能时代，还有哪些数据必修课？

第 25 问　各式各样的图表分别适用于哪些场景？

第 26 问　相比 Excel，R 语言更适合绘制图表吗？

第 27 问　Excel 中有哪些一学就会的高级技巧？

第 28 问　怎样通过 SQL 自由地查询数据？

第 29 问　人工智能可以带给我们哪些启发？

第 30 问　有哪些现成的数据可在运营中参考？

第四单元脉络图

全彩清晰版见彩插

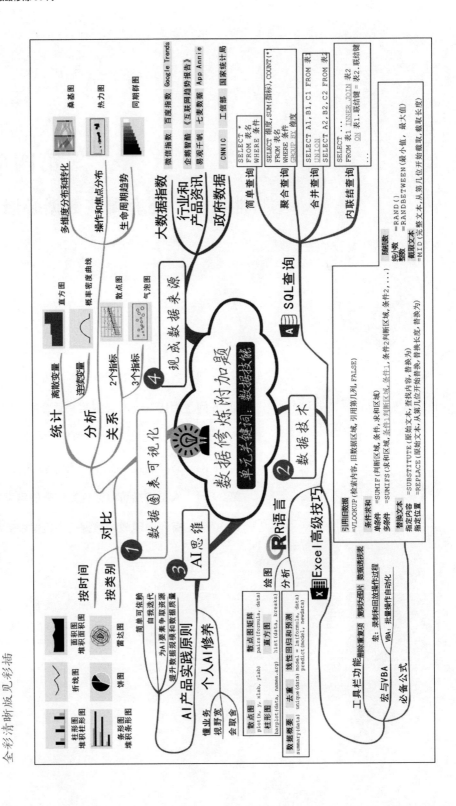

第25问 各式各样的图表分别适用于哪些场景？

得益于图形的直观表现力，相比于表格和文字，图表所呈现的数据更能给读者留下深刻的印象，因此，我们会在各种数据报告中大量使用图表。然而，不同的图表有着不同的适用场景，选择合适的图表不仅能优化数据的呈现，更是产品经理专业度的一种体现。

25.1 数据报告中常用的图表

柱形图和条形图

在呈现非连续性数据指标时，常使用柱形图和条形图。从表面上看，二者的区别仅在于表示数值的长条延伸的方向上：垂直方向延伸的是柱形图，横坐标表示类别，纵坐标表示指标的数值，如图 25-1（a）所示；而条形图中的长条则呈水平延伸，横纵坐标表示的内容与柱形图的相反，如图 25-1（b）所示。

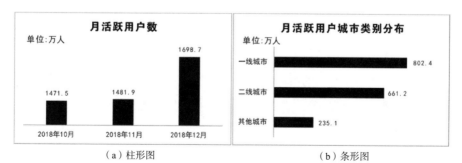

图 25-1 典型的柱形图和条形图

实际上，柱形图和条形图适用的场景是有区别的。

- 以时间元素（日期、月份、年份等）为类别，采用柱形图。因为从左到右的排布符合人们对时间走向的认知。
- 以非时间元素（如项目、用户特征）为类别，采用条形图。因为长条在条形图中的长度一般大于在柱形图中的高度，便于观察各类别数值的差异。
- 类别较多或类别名称较长时，采用条形图。因为条形图更能有效利用屏幕或纸张的空间，不至于因长条或文字太多而严重影响图表的可读性。

堆积柱形图和堆积条形图（图 25-2（a）与图 25-2（b））可以在每个类别中展示多个系列的指标值，但只有各类别处于底部或最左端的系列基准相同，便于对比。因此堆积图应以展示各类别数值总和为主，而以比较各系列的差异为辅。若要强调各系列在各类别中的占比而非具体数值，则可以使用**百分比堆积柱形图和百分比堆积条形图**（图 25-2（c）与图 25-2（d））。

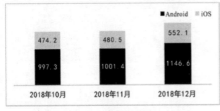

（a）堆积柱形图

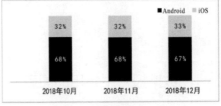

（c）百分比堆积柱形图

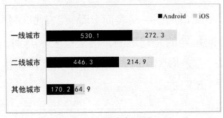

（b）堆积条形图

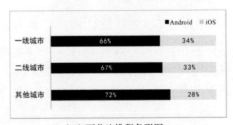

（d）百分比堆积条形图

图 25-2　堆积柱形图和堆积条形图

若要同时对比每个系列的指标值（或百分比），则应将各系列的长条拆开并统一基准，形成分组柱形图和分组条形图，如图 25-3 所示。

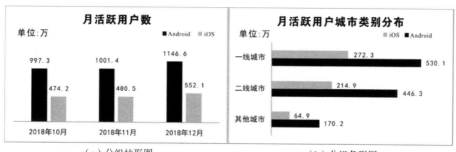

（a）分组柱形图　　　　　　　　　　　（b）分组条形图

图 25-3　分组柱形图和分组条形图

折线图

表达指标数值的连续性样貌、变化或走势时常使用折线图，单指标折线图如图 25-4（a）所示。一幅折线图也可以展示多个指标在同一时间范围中的走势（图 25-4（b）），但这些指标值必须具有相同的数量级，否则会出现图 25-4（c）中低数量级指标因被淹没而无法被观察的情况。

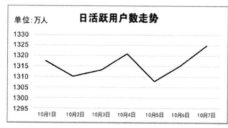
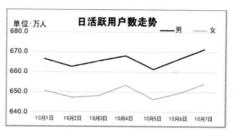

（a）单指标折线图　　　　　　　　　　（b）理想的多重折线图

（c）不理想的多重折线图

图 25-4　折线图

在下列情况中，应在折线图中加上数据标记以增强图表数据的可读性，如图 25-5 所示。

- 展示的数据非常少时。此时若无数据标记，则图表难以使读者聚焦。

- 强调每个时期的数据值而非整体走势时。此时增加数据标记，便于读者聚焦每一个数值。
- 线条方向变化不明显时。此时增加数据标记，可使读者更易观察到相邻时期数值的差异。

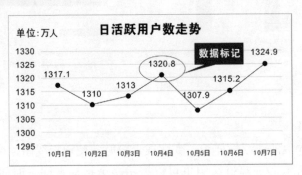

图 25-5　带数据标记的折线图

25.2　统计与分析的选择

直方图

统计数值型维度或指标的数量分布可以使用直方图，如统计某个样本中年龄与用户数的分布（图 25-6（a）），横坐标轴列出年龄的连续取值，而纵坐标表示年龄对应的用户数。

直方图在外观上很像柱形图，但与柱形图的用途和表达的内容有很大差别。在绘制直方图时应注意：

- 横坐标取值必须是连续的数值，图中各长条没有间隔；
- 纵坐标必须是对数量的统计，如频数、次数、个数；
- 直方图中所有长条表示的数量之和等于全体总量，如图 25-6（a）各长条数量相加等于样本用户总数；
- 若以分组范围划分横坐标取值，则每个范围的跨度应相同，且要处理好每个范围的端点值，以避免出现间隔或取值重复，如图 25-6（b）所示。

第 25 问　各式各样的图表分别适用于哪些场景？

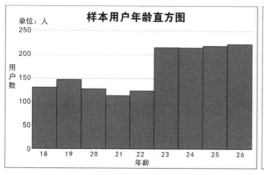
（a）连续列出年龄的每一个取值

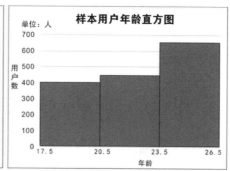
（b）按年龄段等分取值区间

如果按 18~20 岁、21~23 岁这样划分，就会出现 20~21 岁这样的间隔，虽然年龄都以整数取值，但我们应遵守连续取值的数学意义。

图 25-6　用户年龄直方图

散点图

散点图可以在一张图中同时展示实体的两个指标，图中的每个点均代表一个实体，而两个指标的取值决定了实体在图中的位置。散点图的意义不在于描述数据间的差异，而在于观察实体的两个指标所呈现的相关性。

用散点图列举一组抽样用户在视频 App 中观看视频时暂停时长与再次播放时回退时长，图中每一个点代表一个用户，如图 25-7 所示。通过这幅散点图我们很容易地观察到两个时长之间基本上是线性正相关的，也即用户暂停得越久，再次播放时需要回退得越多。

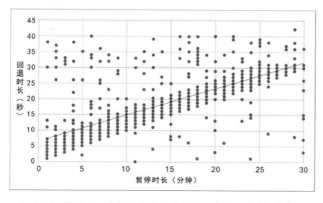

图 25-7　视频 App 中用户暂停时长与再播放时回退时长散点图

- 181 -

25.3 产品经理的最爱

桑基图

桑基图（Sankey Diagram）原本用于在工业中表述能量的流向，引入互联网后可用来分析一类实体在多个维度间的数量分布或转化。

例如，图 25-8 描述了产品某一日新增用户各特征维度的分布，图中每一列代表一个维度，列中的色块对应维度的取值，而列之间的波浪柱表示用户数量的分布。

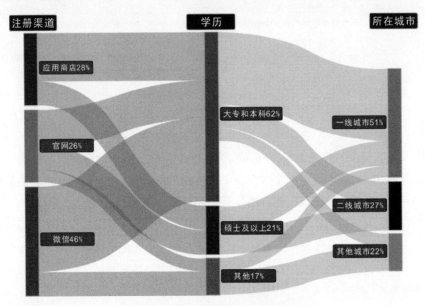

图 25-8　产品日新增用户特征桑基图

热力图

热力图通常以半透明的形式直接覆盖在页面截图上，在用户研究中可用来观察一个页面中用户的操作焦点或视觉焦点的分布。

图 25-9 的页面单击量热力图描述了 7 天内页面不同区域的用户单击量，图中越接近红色的区域表示单击量越高（在黑白灰度模式下，可用亮度代替色彩，越亮表示单击量越高）。

热力图也常与地图结合，描述人口的聚集或用户的地理分布（可参阅腾讯位置大数据 heat.qq.com）。

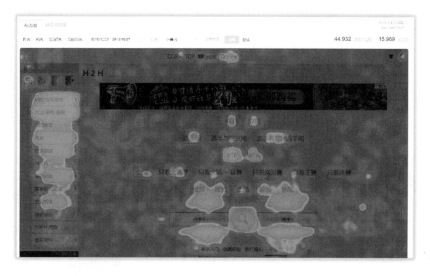

图 25-9　页面单击量热力图

图片来源：tongji.baidu.com

同期群图

同期群分析（Cohort Analysis）常用于对用户行为周期和生命周期的研究。例如，我们要分析新用户的留存趋势，可以跟踪每一日新注册的用户，列出他们于注册日之后每一天的登录情况，绘制如图 25-10 所示的同期群图（或称同期群矩阵）。

	新用户数	第1日	第2日	第3日	第4日	第5日	第6日	第7日	第8日	第9日	第10日
10月1日	10761	91%	83%	76%	72%	67%	39%	25%	14%	12%	8%
10月2日	11086	90%	84%	74%	70%	68%	37%	26%	16%	14%	9%
10月3日	10966	91%	84%	77%	71%	68%	39%	23%	12%	11%	8%
10月4日	10891	88%	82%	76%	72%	67%	38%	24%	13%	13%	9%
10月5日	11001	90%	85%	76%	72%	66%	38%	26%	16%	13%	
10月6日	10964	89%	83%	76%	72%	66%	38%	27%	16%		
10月7日	10732	89%	82%	77%	71%	69%	38%	26%			
10月8日	9886	87%	80%	75%	71%	66%	40%				
10月9日	9853	86%	79%	77%	70%	69%					
10月10日	9859	86%	78%	77%	73%						
10月11日	9796	84%	78%	78%							
10月12日	9783	85%	78%								
10月13日	9691	84%									

图 25-10　新用户留存趋势同期群图

图 25-10 中的色块部分第 1 行第 4 列表示 10 月 1 日注册的用户中在 10 月 5 日有登录行为的占比为 72%。方块颜色由深到浅代表百分比数值由高到低。通过这幅图我们能够观察到，新用户注册后的第 5 日是个关键的时间点，值得采取干预策略以防用户进一步流失。

25.4 不宜滥用的图表

有些类型的图表虽然会给读者带来较强的视觉冲击，但会弱化数据量化表达的能力，尤其在面向专业读者的数据报告中不宜滥用。

饼图

饼图是一种基础的图表，以扇形占据圆盘的面积来表达部分与整体的组成关系，如图 25-11 所示。

饼图的局限性主要在于：

- 读者通过对扇形角度或面积的主观判断来理解各部分的占比，除非各部分占比差异较大，否则难以精确对比（如表示 18% 与 22% 的扇形视觉差异不大）；
- 各部分占比之和必须等于 100%，这意味着不完备的数据和各部分间有重叠的数据不能用饼图表示；
- 饼图的表达力会随扇形的增多而下降，因此饼图不宜表达过多的项目，建议不超过 5 个。

图 25-11 用户所在城市分布饼图

在多数情况下，饼图更适合转化为条形图，如果我们只是要强调各部分的百分比，甚至表格也是不错的选择。

雷达图

雷达图多用于展示具有相同取值范围的多个指标，并让读者聚焦于这些指标形成的整体效应，以各指标在图中所围成的面积表示。腾讯产品经理综合能力雷达图如图 25-12 所示。雷达图中各指标的排列顺序被弱化了，且缺少水平或垂直的基准，因此不利于对指标进行精确对比。

面积图

将折线图曲线下方填充颜色形成单指标面积图（如图 25-13（a）所示），它使数值的表达更有份量。堆积面积图（如图 25-13（b）所示）和百分比堆积面积图（如图 25-13（c）

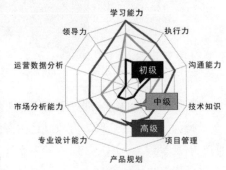

图 25-12 腾讯产品经理综合能力雷达图

所示）则与堆积柱形图类似，以表达各指标的总和为主，对比各指标的差异为辅。

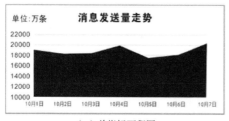
（a）单指标面积图

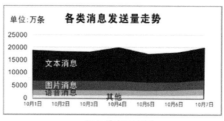
（b）堆积面积图

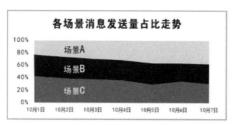
（c）百分比堆积面积图

图 25-13　社交 App 各类消息发送量面积图

虽然堆积面积图兼具了折线图和柱形图的表达力，却降低了单张图表的沟通效率，因此产品经理应尽量避免使用堆积面积图。在同样的情况下，可以将图中的数据拆分为多张折线图展示，并精选有代表性的时间点的数据以柱形图或条形图的形式进行对比展示。

气泡图

气泡图是在散点图的基础上，通过每一个点的面积大小来表示另一个指标的数值，从而实现三个指标在一张图上的关系展示。玩家日均游戏时长、近 30 日消费与玩家等级气泡图，如图 25-14 所示。

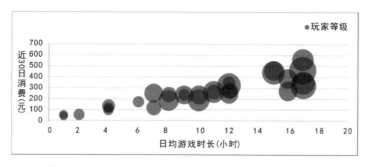

图 25-14　玩家日均游戏时长、近 30 日消费与玩家等级气泡图

由于面积大小的差异只能依靠读者的主观判断，缺乏精确量化，因此以气泡大小表示的指标只能用作辅助参考，且由于气泡之间相互覆盖会造成视觉干扰，故不宜通过气泡图展示过多的实体。

25.5　图表高效表达的四大原则

我们选用图表就是为了提高表达与沟通效率。为了达成这一目标，以下实践原则可供参考。

噪声最小化原则

图表中与**数据表达无关或有碍于读者观察数据**的元素都可以称为噪声，如背景色、装饰性色彩、冗余的标记和图例、不恰当的刻度线，如图 25-15（a）所示。

Edward Rolf Tufte[1]曾对图表的表达力提出一个形象的表述：若要打印一张图表，应将墨水花在数据的呈现上，而不是视觉效果的渲染上。从这个角度看，噪声会导致墨水的浪费。同理，图表应尽量避免以三维外观形式绘制（如图 25-15（b）所示），因为打印三维图表无疑会比二维图表浪费更多墨水，且二维图表中由长度和面积表示的数值在三维图表中会转变为体积，从而加重读者的视觉负担，使数据对比更加困难。

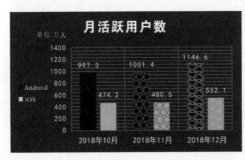

（a）冗余的元素　　　　　　　　（b）过度设计的三维图表

图 25-15　图表中的噪声

轮廓展示原则

我们绘制图表重点是让读者对数据产生清晰且直观的感受，**让数据指标的规模和趋势一目了然**，这种感受即数据的轮廓。

然而，我们也会见到像图 25-16 这样有着密密麻麻标注的图表，这样的图表试图

---

[1] Edward Rolf Tufte（1942—），美国统计学家，耶鲁大学政治学、统计学和计算机科学名誉教授，数据可视化领域的先驱者。

让读者了解每一个精确数值，这就违背了轮廓展示原则。在这种情况下，大量精确的数值应通过其他表格来展示，而不应全部标在此图表中。因为图表与表格的关系是相互补充的，而不是彼此替代的。

图 25-16　图表应重点展示数据的轮廓而非大量精确的数值

客观对比原则

图表中的数值坐标轴应尽可能以 0 作为起点，尤其是柱形图和条形图，这样便于读者客观对比各组数据的差异。例如，通过图 25-17（a）的柱形图可以看出 2018 年日均活跃用户数比 2017 年的大致增长 20%，这是客观的对比；若调整坐标轴的起点，把它绘制成图 25-17（b）的样子，读者第一印象会误以为 2018 年是 2017 年的两倍，这就失去了客观性。

 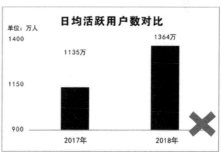

（a）客观对比　　　　　　　　　　（b）有失客观的对比

图 25-17　客观对比原则在柱形图中的表现

当然，客观对比原则并非要求我们一律要以 0 为坐标轴起点。在折线图中，为了客观地反映数据的走势，常常不以 0 作为纵坐标轴的起点（如上文的图 25-4）。

重点标注原则

噪声最小化原则反对冗余的数据标记，但这不妨碍我们对图表中的关键节点进行必要的**标注**，以增强图表的表达力、帮助读者更好地解读数据，如在图 25-18 中，标注每个时期的运营策略，有助于读者理解每一次数据突长的原因。

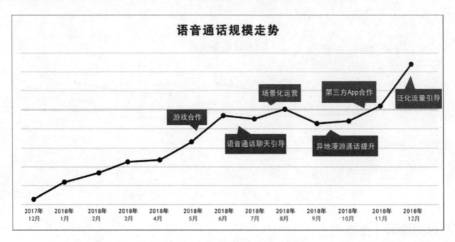

图 25-18　折线图中的重点标注

相比 Excel，R 语言更适合绘制图表吗？

如果常与数据分析师打交道，那么 R 语言的大名也许你早有耳闻。没错，对于规模更大或更复杂的本地数据处理与分析，R 语言在很多方面会比 Excel 更具有优势，其中包括针对大量数据绘制图表。

> **读一读**
>
> R 语言是一种编程语言，也是一个开源编程环境，广泛应用于统计学、数据挖掘、数据分析等领域。如果你熟悉计算机编程，那么上手 R 语言会非常轻松；如果你没有接触过编程，那么学习 R 语言会略有门槛，但不必担心，本问的内容会帮你建立对 R 语言的感性认知，在此基础上进一步学习会轻松很多。
>
> 你可以在 R 语言官方网站（www.r-project.org）上找到 R 语言编程环境的下载入口，也可直接访问 R 语言中国区镜像网站（https://mirrors.tuna.tsinghua.edu.cn/CRAN）下载并安装适用于你的计算机的版本（如 Windows 版或 macOS 版）。

接下来的讨论，我们用 Windows 版 R 3.5.1 进行示范，对于 macOS 版的读者而言请在代码中注意对文件路径的处理，其他操作大同小异。本问用到的所有示例数据文件，可于博文视点社区（http://www.broadview.com.cn/35204）下载。为配合讨论，建议将所有示例数据文件解压缩到 D 盘根目录下。[1]

---

[1] macOS 版的读者可将其解压缩到桌面上，对应的文件路径则为~/Desktop/文件名。

26.1　R语言不仅擅长绘图

对于多数计算机而言，当数据规模较大时，Excel 无论是展示、处理还是绘图都会出现不同程度的卡顿，影响操作体验，这时，R 语言会成为一个不错的选择。

R 语言代码中的等号、括号、引号等标点符号均为半角[1]，即除中文字符外，请保持在英文输入法状态下编写代码。

散点图与散点图矩阵

示例文件 exp_26_1.csv 中含有 1 千组数据，每组数据包含一位游戏玩家的日均游戏时长、累计消费、玩家等级。现在，我们可以通过绘制散点图，了解玩家游戏时长和消费数额之间的关系。

第 1 步：通过桌面图标或开始菜单进入 RGui（R 语言图形界面编程环境）。

第 2 步：在 R Console 窗口中编写代码并按 Enter 键，将文件中的数据存入变量 input，如图 26-1（a）所示。

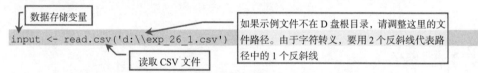

第 3 步：编写散点图绘图代码并按 Enter 键。

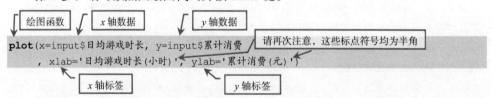

第 4 步：在 R Graphics 窗口中可看到我们绘制的散点图，如图 26-1（b）所示。

---

[1] 英文输入法状态下键入的英文字母、数字和标点符号通常为半角字符（如 a1.!?"），半角字符在外观上较窄，每个字符占至多半个字宽；而全角字符包括中文汉字、中文标点符号（如。！？""），以及在输入法全角模式下键入的英文字母和数字（如 ａ１），全角字符在外观上较宽，每个字符占至少一个字宽。几乎所有半角字符都有其全角版本，为避免在代码和 Excel 公式中输入全角标点符号而引发错误，请尽量在这些操作中关闭中文输入法。

第 26 问　相比 Excel，R 语言更适合绘制图表吗？

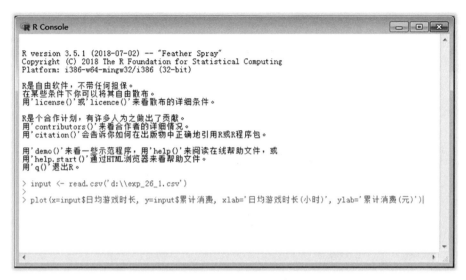

（a）在 R Console 中编写代码

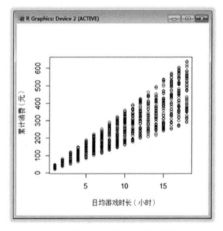

（b）在 R Graphics 中查看绘图

图 26-1　用 R 语言绘制散点图

示例文件中有 3 个指标：日均游戏时长、累计消费、玩家等级，而上例中我们只用到了其中的两个。如果要为这些指标两两绘制散点图，则可以直接调用 R 语言内置的散点矩阵函数。关闭 R Graphics 绘图窗口，转入 R Console 继续编写代码并按 Enter 键：

pairs(input)

在再次打开的 R Graphics 窗口中我们会看到这 3 个指标的**散点图矩阵**（如图 26-2 所示），你从中有没有感觉到 R 语言的魅力呢？

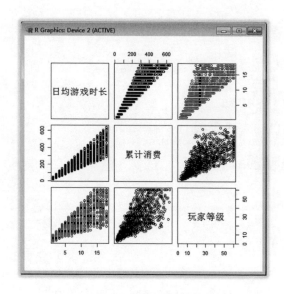

图 26-2 用 R 语言绘制散点图矩阵

柱形图

在 Excel 中我们可以方便地制作柱形图，以对比多个时期的数据；倘若数据的时间跨度较大，Excel 就显得力不从心。

示例文件 exp_26_2.csv 中含有 50 余组数据，记录了每日社交 App 全局发送消息总量。现在，使用 R 语言针对这些数据绘制柱形图。

第 1 步：在 R Console 窗口中编写代码并按 Enter 键，将文件中的数据存入变量 input2。

```
input2 <- read.csv('d:\\exp_26_2.csv')
```

第 2 步：编写柱形图绘图代码并按 Enter 键，与绘制散点图的代码相似，注意其中变动的部分。

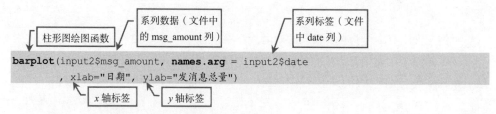

在 R Graphics 窗口中可以看到最终绘制的柱形图，如图 26-3 所示。

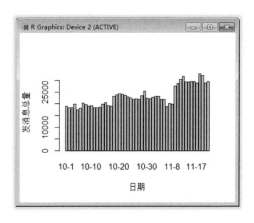

图 26-3　用 R 语言绘制柱形图

直方图

虽然较新版本的 Excel 支持直方图的制作，但是当样本量过大时同样不易控制。

示例文件 exp_26_3.csv 中记录了 4 千多个用户的年龄数据，据此使用 R 语言绘制直方图，以观察该用户样本的年龄分布。

第 1 步：在 R Console 窗口中编写代码并按 Enter 键，将文件中的数据存入变量 input3。

```
input3 <- read.csv('d:\\exp_26_3.csv')
```

第 2 步：编写直方图绘图代码并按 Enter 键。

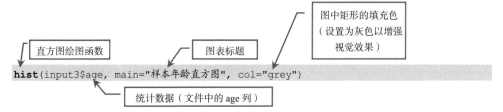

最终绘制的直方图通过 R Graphics 窗口向我们展示，如图 26-4 所示。

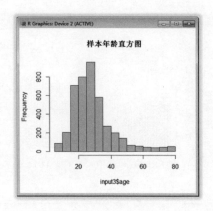

图 26-4　用 R 语言绘制的直方图

26.2　R 语言更是统计分析能手

作为一门高级编程语言，R 语言的优势当然不仅限于绘制图表。本节介绍 R 语言中的几个有趣的数据处理和函数分析的方法。

方便易用的数据概要

我们还是拿第一个示例文件做演示，看看 R 语言怎样通过简单的代码"一键生成"多个数据指标的数据概要。

第 1 步：在 R Console 中编写代码读取数据，将 exp_26_1.csv 的数据读入变量 input。

```
input <- read.csv('d:\\exp_26_1.csv')
```

第 2 步：编写如下代码，对变量 input 中存储的全部数据指标进行概要分析。

```
summary(input)
```

简单的几句代码，就可以得到如图 26-5 所示的数据概要，包括每个指标的最小值、第一四分位数、中位数、平均值、第三四分位数、最大值。如果指标的数据类型不是数字（如文本或日期时间），R 语言还会自动调整统计项的内容。

第 26 问 相比 Excel，R 语言更适合绘制图表吗？

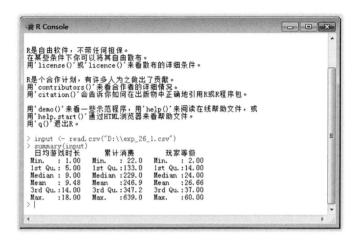

图 26-5　R 语言编写的数据概要

去掉重复数据并保存至文件

表 26-1 列举的是用户参与运营活动的数据（示例文件 exp_26_4.csv），一个活动对用户来说可以参加多次，因此这里会有大量重复的数据。现在我们要了解：

- 有哪些用户参加了运营活动（参加任意活动即可），即按照 user_id 去重；
- 每个用户都参加了哪些活动，即按照 user_id 和 activity_name 整体去重。

这对 R 语言来说非常简单。

第 1 步：在 R Console 中编写代码读取数据，将 exp_26_4.csv 的数据读入变量 input4。

表 26-1　用户参与运营活动记录

user_id	activity_name
U10010001	活动 A
U20020002	活动 A
U20020002	活动 A
U30030003	活动 B
U10010001	活动 B
U30030003	活动 B
U20020002	活动 B
U40040004	活动 C
U10010001	活动 C
U20020002	活动 C
U20020002	活动 C

```
input4 <- read.csv("D:\\exp_26_4.csv")
```

第 2 步：编写如下代码，对变量 input4 中的 user_id 字段进行单指标去重，得到如图 26-6（a）所示的结果，即参加了活动的用户 ID。

```
unique(input4$user_id)
```

第 3 步：同样调用函数 unique()，对变量 input4 进行多指标去重，得到如图 26-6（b）所示的结果，即每个用户 ID 所参与的活动。

```
unique(input4)
```

（a）单指标去重

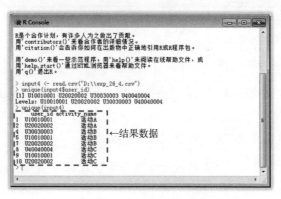

（b）多指标去重

图 26-6　用 R 语言去除重复数据

在 R Console 中编写下列代码，将用户 ID 和活动名称去重后的数据保存到 D 盘根目录的 user_act.csv 文件中，以备后续查阅。

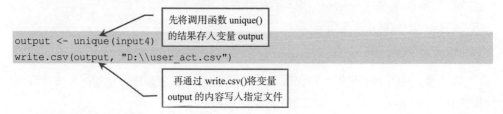

用线性回归预测数据

通过图 26-2 的散点图，我们能够直观地看出玩家等级与累计消费大致呈线性关系，因此，利用现有数据可以得到一个一元线性回归[1]模型：给定玩家等级，推测其

---

[1]　以 x 的值估算 y 的值，当满足数学关系 $\hat{y}=b\hat{x}+a$ 时，称为一元线性回归，其中 x 和 y 为变量，a 与 b 为常系数。

最可能的累计消费。

在 R 语言中，建立一个简单的线性回归模型并预测数据只需 3 步。

第 1 步：读取数据，将 exp_26_1.csv 的数据读入变量 input。

```
input <- read.csv('d:\\exp_26_1.csv')
```

第 2 步：建立模型 Y~X，即通过 X 估算 Y。这里的 X 为玩家等级，Y 为累计消费，生成的模型存入变量 model：

```
model <- lm(formula=累计消费~玩家等级, data=input)
```

第 3 步：数值预测。例如，当玩家等级为第 47 级时，通过线性回归模型推测其消费金额约为 384 元，如图 26-7 所示。

```
predict(model, newdata=data.frame(玩家等级=47))
```

上述代码所建立的一元线性回归模型的回归线如图 26-8 所示，只要给定横坐标值（玩家等级），即可用对应的纵坐标值（累计消费）估算。

图 26-7 利用一元线性回归模型预测玩的家消费金额

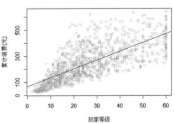

图 26-8 一元线性回归模型的回归线

第27问 Excel 中有哪些一学就会的高级技巧？

常年关注数据，相信你对 Excel 的操作一定不陌生。而作为一款伟大的产品，Excel 中常被我们使用的简单且基础的功能只是冰山一角，还有更多的高级功能等待我们挖掘和学习。对于接下来的内容，也许你会说，手动操作一样可以完成，然而，当我们面对成千上万的数据时，手动操作既低效又烦琐，花点时间掌握 Excel 的几项高级技巧无疑会事半功倍。

接下来的讨论，我们用 Windows 版 Excel 2016 进行示范，对于 macOS 系统或 Excel 2010 及以上的版本而言操作大同小异。本问所有示例文档，可于博文视点社区（http://www.broadview.com.cn/35204）下载。

27.1 "单击即用"的隐藏功能

Excel 的顶部工具栏包含了大量"单击即用"的功能，它们大多被安排在"开始"之外的选项卡中，有些可以帮助我们快速处理和分析数据，却不易被我们发现。

数据去重

示例文件 exp_27_1.xlsx 中保存有部分用户的登录流水数据，其中一个用户有多条记录。现在我们想对每个用户只保留其第一条登录数据，以了解这段时间内有哪些用户登录过，这就需要将所有数据按照"用户 ID"去重。

第 1 步：在表格中圈选全部数据。
第 2 步：在"数据"选项卡中单击"删除重复值"按钮，如图 27-1（a）所示。

第 3 步：在"删除重复值"的对话框中勾选"用户 ID"复选框，以按照用户 ID 筛选掉重复的用户。

第 4 步：单击"确定"按钮后，重复的用户将被删除，仅保留每个用户第一次出现的数据，如图 27-1（b）所示。

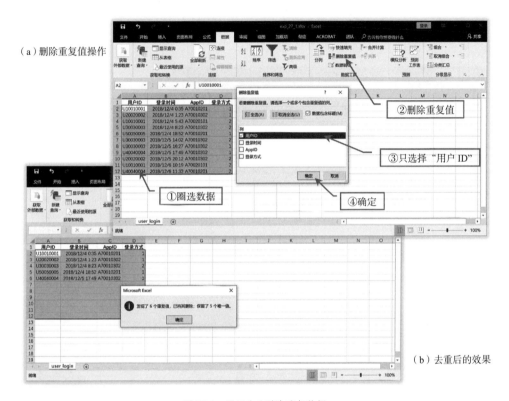

（a）删除重复值操作

（b）去重后的效果

图 27-1　用 Excel 删除重复数据

将数据复制为图片

在汇报 PPT[1]中，我们经常需要插入 Excel 中的数据与图表，如果直接从 Excel 中复制并粘贴到 PPT 中，往往呈现的样式并不理想。这时我们可以通过 Excel 的**复制为图片**功能将 Excel 中的表格内容和图表原模原样地粘贴到目的地（效果同截图，但这个功能比截图更方便）。

第 1 步：在表格中圈选内容，既可以包括单元格数据，也可以包括图表或 Excel 工作区中的任意内容。

---

[1] PPT 即 PowerPoint 所制作的演示文稿，现多用于统称演示文稿或电子幻灯片，而与具体的软件和文件格式无关。

第 2 步：在“开始”选项卡中单击“复制”按钮右侧的小箭头打开下拉列表，并选择“复制为图片”选项，如图 27-2（a）所示。

第 3 步：在接下来的对话框中调整复制参数，通常保留默认值即可，单击“确定”按钮，如图 27-2（b）所示。

第 4 步：此时图片已被复制，在需要的位置（如 PPT 中）粘贴即可，如图 27-2（c）所示。

（a）将选定区域复制为图片

（b）复制为图片选项

（c）在需要的位置（如 PPT 中）粘贴

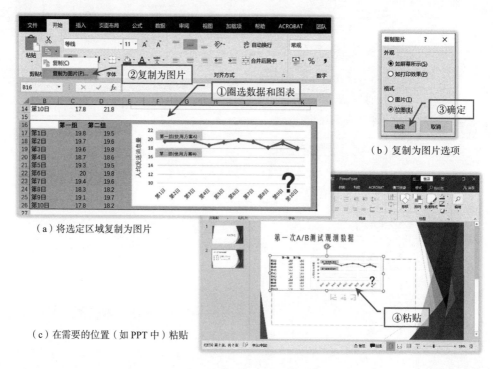

图 27-2　用 Excel 复制为图片

数据透视表

将音视频通话的部分发起数据导出后，用 Excel 查看会发现是如此繁杂（图 27-3，详见示例文件 exp_27_2. xlsx）。在这份数据中，每一行表示一次通话行为，包含通话类型（语音通话或视频通话）、发起结果（成功或各种原因的失败）、主叫用户 ID、被叫用户 ID、

	A	B	C	D	E	F
1	发起日期	通话类型	发起结果	主叫用户ID	被叫用户ID	通话时长
2	2018/12/4	语音通话	成功	U37929174	U74115001	1012
3	2018/12/4	语音通话	被叫无应答	U76503444	U64288187	0
4	2018/12/4	语音通话	成功	U21907891	U51881273	135
5	2018/12/4	语音通话	成功	U92177987	U23383123	29
6	2018/12/4	语音通话	成功	U21425024	U76732245	39
7	2018/12/4	语音通话	其他	U48352735	U48001812	0
8	2018/12/4	语音通话	被叫挂断	U73604116	U45861544	0
9	2018/12/4	语音通话	成功	U21165367	U70294085	15
10	2018/12/4	语音通话	成功	U13687115	U60866973	257

图 27-3　导出为 Excel 的音视频通话发起流水数据

通话时长（以秒为单位）等分量。

如果要通过这份数据了解：

- 每日主叫用户数；
- 每日全局成功通话总时长、次均通话时长。

并按通话类型分别查看，可以利用 Excel 的**数据透视表**功能快速建立统计与分析。

第 1 步：在"插入"选项卡中单击"数据透视表"按钮。

第 2 步：在接下来的"创建数据透视表"对话框中，圈选数据区域（Excel 通常会自动识别），将透视表放入"新工作表"，并注意勾选"将此数据添加到数据模型"[1]复选框，单击"确定"按钮，如图 27-4（a）所示。

此时会看到一份新创建的空白数据透视表，如图 27-4（b）所示。

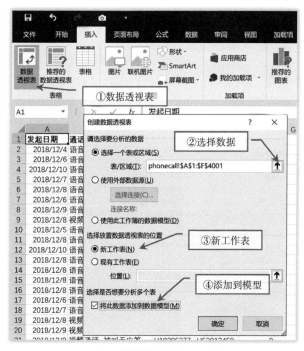

（a）"创建数据透视表"对话框　　　　　　（b）新创建的空白透视表

图 27-4　创建数据透视表

---

[1] 在 Excel 中，数据模型可为多个数据集建立关联，从而启用包括 Power Query、Power Pivot 在内的更多高级分析功能。在本例中，勾选"将此数据添加到数据模型"复选框是为了在接下来的值字段设置中使用"非重复计数"汇总方式。

为了让透视表发挥作用，我们还需进一步设置。

第3步：在图27-4（b）的"数据透视表"字段窗格中，按图27-5（a）的规则将各字段拖入相应的区域，注意"通话时长"字段要拖入"值"区域**两次**，分别用于计算总时长（求和）和次均时长（求平均值）。

第4步：在"值"区域中依次单击每一个字段，并进行"值字段设置"，如图27-5（b）所示。

第5步：在"值字段设置"对话框中，将主叫用户ID字段命名为"主叫用户数"，计算类型选择"非重复计数"（如图27-5（c）所示），以通过对用户ID去重计数得到用户数。

第6步：按相同的操作流程设置剩余两个字段：第一个通话时长字段命名为"通话总时长（秒）"，计算类型为"求和"；第二个通话时长字段命名为"次均通话时长（秒）"，计算类型为"平均值"。

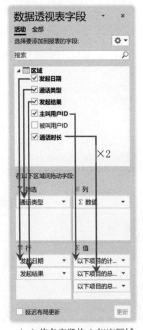

（a）将各字段拖入相应区域　　（b）对值字段进行设置　　（c）"值字段设置"对话框

图 27-5　设置数据透视表字段

最终我们得到了如图 27-6 所示的数据透视表，通过这份数据透视表，就可以方便地查看我们想要了解的数据了。

第 27 问　Excel 中有哪些一学就会的高级技巧？

图 27-6　符合需求的数据透视表

27.2　一定要会的几个公式

公式计算为 Excel 赋予了强大的活力，初学者会对规则多变的公式感到难以驾驭，而一旦掌握了公式的使用技巧，就会发现用 Excel 处理和分析数据是如此轻松自如。本节我们讨论数据运营中常用的几例公式。

公式中的等号、括号、引号等均为半角，即除中文字符外，请保持在英文输入法状态下编辑公式。

VLOOKUP，检索和引用已有数据

打开示例文件 exp_27_3.xlsx，你会在"第一轮报名用户"工作表中看到图 27-7（a）所示的某次运营活动的报名名单，这里记录了报名者的用户 ID；而"user_info"工作表中存有用户的基本信息，如图 27-7（b）所示。现在我们想在报名名单中同时展示每个报名者的年龄和 E-mail，以便与报名者取得联系。

（a）报名名单数据

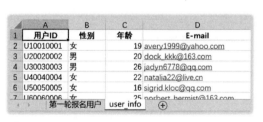

（b）用户信息数据

图 27-7　运营活动报名名单及用户信息

第 1 步：在报名名单中新增两列"年龄"和"E-mail"（分别占据 C 列与 D 列）。

第 2 步：在第一位报名者的年龄单元格（C2）中编写公式，如图 27-8（a）所示。

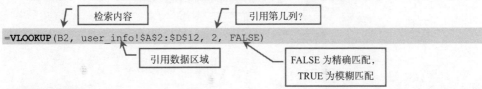

操作提示

借助 Excel 的自动完成功能编写公式更省力。例如在输入"=VLOOKUP("后，直接单击第一个用户 ID 所在的单元格，公式中的"B2"会被自动键入；随后输入一个半角逗号，转到"user_info"工作表中圈选全部数据并按 F4 键，"user_info!\$A\$2:\$D\$1"就会被自动键入；再次输入一个半角逗号，并转回"第一轮报名用户"工作表，手动键入公式的剩余部分即可。

第 3 步：在第一位报名者的 E-mail 单元格（D2）中编写公式。

=**VLOOKUP**(B2, user_info!\$A\$2:\$D\$12, **4**, FALSE)

第 4 步：圈选第一位报名者的性别和 E-mail（单元格 C2 和 D2），并向下拖曳选择框右下角的小方块（也可直接在小方块上双击），以自动填充剩余报名者的信息，如图 27-8（b）所示。

完成后的效果如图 27-8（c）所示。由于报名名单中的用户信息是从用户信息数中引用的，这样一来，我们在"user_info"工作表中对用户信息做出改动后，报名名单中相应的用户信息也会同步更新，从而避免发生数据不一致的问题。

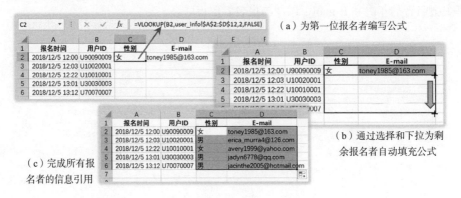

图 27-8　在报名名单中引用用户信息

利用函数 VLOOKUP 对已有数据的引用性质还可以**检查新数据中是否存在旧数据**。

示例文件 exp_27_3.xlsx 的"第二轮报名用户"工作表中是新一轮运营活动的报名名单，现在我们想在这些报名者中找出那些在前一轮活动中已报名的用户。

第 1 步：在第二轮报名名单中新增一列"第一轮已报名？"（占据 C 列，如图 27-9（a）所示）。

第 2 步：在单元格 C2 中编辑公式，如图 27-9（b）所示。

=VLOOKUP(B2, 第一轮报名用户!$B$2:$B$6, 1, FALSE)

第 3 步：填充剩余用户，完成数据引用，如图 27-9（c）所示。

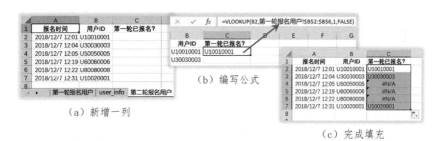

图 27-9　找出前一轮已报名的用户

如果一位用户在前一轮已报名，那么上述公式会在新增列中再次展示用户 ID（从第一轮报名数据中引用而来的用户 ID），否则会展示"#N/A"，表示原始数据中不存在对应的用户 ID。为了使展示更自然，我们在上述公式中补充使用 IF 和 ISNA 函数，使最终结果像图 27-10 那样按"是/否"的形式展示。例如，将单元格 C2 中的公式更新为：

=IF(ISNA(VLOOKUP(B2, 第一轮报名用户!$B$2:$B$6, 1, FALSE)),"否","是")

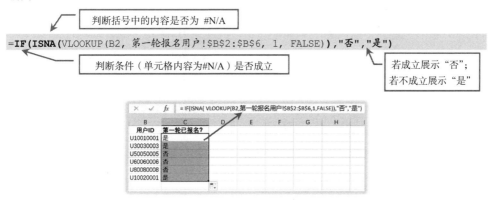

图 27-10　更新公式，使展示结果更自然

> 公式函数 VLOOKUP 是对引用区域进行**垂直检索**：搜索引用区域首列满足条件的元素，确定检索内容在引用区域中的所在行，再进一步给出该行指定列的数据值。如果要进行**水平检索**或**混合检索**，则可以自主学习和使用 VLOOKUP 的姊妹函数——HLOOKUP 和 LOOKUP。

SUMIF 和 SUMIFS，有条件求和

在 Excel 中，通过单击工具栏中的"∑"图标可以对表格中的众多数值求和，这个操作所产生的公式会用到 SUM 函数。SUM 函数会把指定区域内的所有数值相加，即无条件求和。若要在求和时附加判断，只对满足条件的数值求和，那就需要用到有条件求和函数 SUMIF 和 SUMIFS，前者可以附加一个条件，后者允许附加多个条件。

音视频通话发起数据已导出至文件 exp_27_4.xlsx，打开"phonecall"工作表你会看到一段时间内用户发起的每一次音视频通话的记录，分量包括主被叫用户 ID、通话时长（单位为秒）；"user_info"工作表中为部分用户信息数据。现在要根据这份数据统计不同性别主叫用户的通话总时长（以分钟为单位）。

第 1 步："phonecall"中没有记录主叫用户的性别，所以要先新建一列"主叫性别"（占据 G 列），并通过 VLOOKUP 函数去"user_info"工作表中引用，如图 27-11（a）所示。

第 2 步：从该表格的空白区域选择一个单元格来展示女性用户的统计数值（如 J2），编写如下公式，如图 27-11（b）所示。

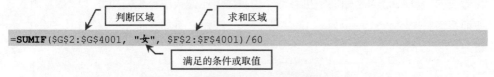

最后不要忘记除以 60，以将时长单位秒转化为分钟。

第 3 步：以同样的方式编写如下公式，以展示男性用户的统计数值，从而完成统计，如图 27-11（c）所示。

`=SUMIF($G$2:$G$4001,"男",$F$2:$F$4001)/60`

如果我们想进一步研究用户的年龄，例如要了解 18~22 岁各性别主叫用户的通话总时长（分钟），就需要在通话发起数据中补充年龄维度，并指定多条件求和，这在 Excel 公式中表述为 3 个条件的同时满足。

- 条件 1：性别满足"女"或"男"。

- 条件 2：年龄满足"大于等于 18"岁。
- 条件 3：年龄满足"小于等于 22"岁。

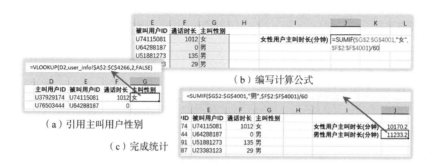

图 27-11　计算不同性别主叫用户的通话总时长

操作如下：

第 1 步：补充"主叫年龄"列（在"phonecall"工作表中占据 H 列），并引用"user_info"工作表中的年龄数据，如图 27-12（a）所示。

第 2 步：选择空白单元格（如 K5）展示女性用户的统计数值，编写公式，如图 27-12（b）所示。

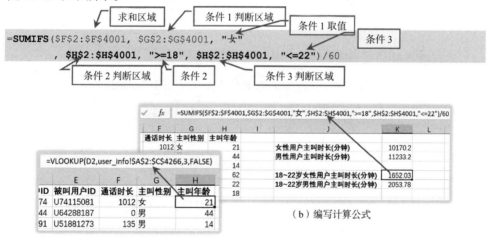

图 27-12　计算 18~22 岁各性别主叫用户的通话总时长

第 3 步：同理，编写统计男性用户的公式。

```
=SUMIFS($F$2:$F$4001, $G$2:$G$4001, "男"
    , $H$2:$H$4001, ">=18", $H$2:$H$4001, "<=22")/60
```

> **读一读**
>
> 公式函数 SUMIF 和 SUMIFS 同样有一系列的姊妹函数，如 COUNTIF 和 COUNTIFS 可用于有条件计数，AVERAGEIF 和 AVERAGEIFS 可用于有条件求均值。

MID，截取文本中的一部分

通过实名认证，我们得到了部分用户的身份证号码（见示例文件 exp_27_5.xlsx），现在需要据此推断出用户的出生日期和性别，如图 27-13 所示。

图 27-13　如何根据身份证号码推断出生日期和性别

> **读一读**
>
> 根据国家标准 GB 11643—1999《公民身份号码》，我国第二代居民身份证 18 位号码中第 7~14 位为 8 位出生日期；第 17 位（倒数第 2 位）为偶数表示女性，为奇数表示男性。

公式函数 MID 可用于截取文本中指定的部分内容。

- 从身份证号码的第 7 位开始截取 8 位表示出生日期，例如第一位用户的"出生日期"（单元格 C2）公式如下所示。

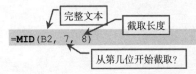

`=MID(B2, 7, 8)`

- 从身份证号码的第 17 位开始截取 1 位用于判断性别，对于第一位用户（单元格 D2）公式如下所示。

`=MID(B2, 17, 1)`

完成公式填充后的效果如图 27-14（a）所示，其中性别展示不够直观，我们还需要根据数字的奇偶进一步整理（占据 E 列），如图 27-14（b）所示。

- 公式函数 ISEVEN 可以判断一个数值是否为偶数，常与判断函数 IF 搭配使用，例如在 E2 中编写公式。

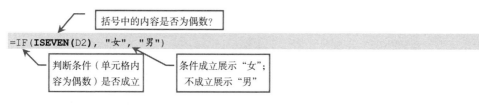

完成公式填充，最终效果如图 27-14（b）所示。

（a）初步判断　　　（b）补充条件判断

图 27-14　编写公式实现出生日期和性别的判断

SUBSTITUTE 和 REPLACE，文本内查找替换

在示例文件 exp_27_6.xlsx 收集的用户反馈中，你会发现很多用户在反馈内容中把"闪退"误输为"闪腿"，如图 27-15（a）所示。为了便于归档和日后检索，我们需要把用户提交的错别字加以更正。

通过公式函数 SUBSTITUTE，我们可以将文本中指定的原始词语全部替换为新词语，这个过程与 Word 中的"查找并全部替换"功能相似。

- 新增一列来承载调整后的内容（占据 E 列），在单元格 E2 中针对第一条反馈内容编写公式。

- 填充剩余单元格以完成全部调整，如图 27-15（b）所示。

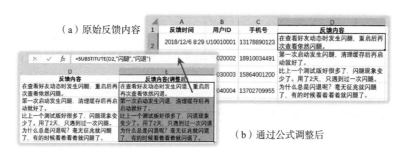

图 27-15　替换反馈内容中的错别字

Excel 中还有一个名为 REPLACE 的公式函数，其字面意义也为"替换"，而它的作用是根据**指定位置和长度**替换原始文本中的部分内容。

- 例如，在示例文件 exp_27_6.xlsx 中，我们可以使用 REPLACE 函数将用户手机号码中第 3 位起的 5 位数字隐去，以实现信息脱敏。新增一列（占据 F 列），并在单元格 F2 中编写公式。

完成填充后，我们会看到所有用户手机号码的中间 5 位均被星号替代了，如图 27-16 所示。

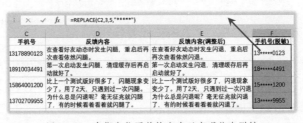

图 27-16 在指定位置替换文本以实现信息脱敏

RAND，用随机数抽奖

对于规模较小的有奖运营活动，我们通常希望采用一种非常简单的方式实现抽奖。一种可行思路是：收集有资格参与抽奖的所有用户 ID，然后将这些用户 ID **随机**排序，将排序后的前几名视为中奖者。

在 Excel 中要实现随机排序，可以先使用公式函数 RAND 生成随机数，再按照生成的随机数对表格数据排序。示例文件 exp_27_7.xlsx 中存有某次运营活动的参与用户，抽奖过程操作如下。

第 1 步：在用户 ID 后新增一列（B 列）用于为每个用户生成一个随机数。

第 2 步：编写第一位用户的随机数生成公式（如图 27-17（a）所示），并通过拖曳把公式填充给所有用户。

```
=RAND()
```

第 3 步：对所有用户以新增的"随机数"列排序（升序和降序均可）。可通过工具栏中的"排序和筛选"功能，也可在"随机数"列中右击并选择"排序"菜单项，如图 27-17（b）所示。

第 4 步：取排序后的前几名用户发奖。例如，设置 10 个获奖名额，则取排序后的前 10 名用户发奖，如图 27-17（c）所示。

（b）根据随机数排序

（a）生成随机数

（c）取排序后的前 10 名用户发奖

图 27-17 利用随机数对活动参与者抽奖

 读一读

RANDBETWEEN，生成指定区间的随机整数

公式函数 RAND 生成的是**大于等于 0 且小于 1 的随机小数**，当重新排序、更新单元格内容甚至再次打开 Excel 时，随机数都会重新生成。可通过将所有随机数单元格内容复制后再次按值粘贴的方式，把生成的随机数固定下来。

另外，RAND 的姊妹函数 RANDBETWEEN 可用于生成指定区间内的整数。例如，随机生成 10～99（包括 10 和 99）内的整数的公式为：

=RANDBETWEEN(10,99)

第 28 问 怎样通过 SQL 自由地查询数据？

我们常说的 SQL 即 Structured Query Language，结构化查询语言，利用它通常可以在数据库和数据仓库中自由查询数据，摆脱数据应用产品的束缚。作为产品经理，掌握基础的 SQL 查询技巧，可以在第一时间获取必要的产品数据，而不必等待漫长的数据需求过程。

> **读一读**
>
> 在工作中，你可能需要与 MySQL 数据库或 Hive 数据仓库打交道，这就会用到基础的 SQL。不过，限于软硬件条件，MySQL 或 Hive 难以被安装到我们的个人计算机上，好在我们可以用 Office 中自带的 Access[1]学习和演练 SQL 相关的技巧。

接下来的讨论，我们用 Access 2016 进行示范，对于 Access 2010 及以上版本而言，其方法大同小异。本问示例数据库文件可于博文视点社区（http://www.broadview.com.cn/35204）下载。

28.1 在 Access 中运行一段 SQL 代码

使用 Access 打开示例文件 exp_28_1.mdb，我们会看到该数据库中含有 3 张表：phonecall_1204、phonecall_1205、user_info，分别存有 12 月 4 日的音视频通话发起记

---

[1] Access 是微软推出的一款桌面型数据库软件，支持大多数常规的 SQL 操作，与 MySQL 和 Hive 的 SQL 大同小异，不妨碍我们的学习。注意，仅专业版或更高级别的 Office 版本中自带 Access，若使用的是 Office 标准版或家庭版，则需要额外安装 Access；至本书截稿时，Access 尚未发行支持 macOS 系统的版本，使用 macOS 系统的读者可尝试通过虚拟机参与本问讨论的实践。

录、12月5日的音视频通话发起记录和用户信息。

其中表 phonecall_1204 的内容如图 28-1 所示（通话时长单位为秒）；phonecall_1205 与 phonecall_1204 拥有相同的字段定义，只是记录了不同日期的数据。

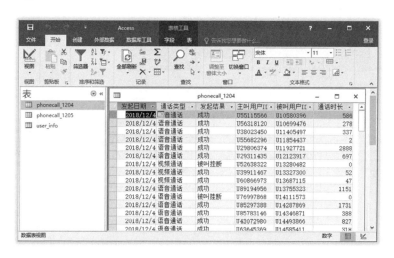

图 28-1　Access 2016 界面及包含音视频通话发起记录的数据表

SQL 代码中的星号、括号、引号等均为半角，即除中文字符外，请保持在英文输入法状态下编写代码。

下面我们尝试运行一段简单的 SQL 代码，以查询 phonecall_1204 中通话时长在 100 秒以上的记录。

第 1 步：在"创建"选项卡中单击"查询设计"图标（如图 28-2（a）所示），随即弹出的"显示表"对话框在本例中暂不涉及，请直接关闭。

第 2 步：在查询工具"设计"选项卡中单击最左侧的"视图"下拉菜单，选择"SQL 视图"（如图 28-2（b）所示），这样我们就可以自由地在"查询1"窗口中编写 SQL 代码了。

第 3 步：在"查询1"窗口中编写下列 SQL 代码，如图 28-2（c）所示。

第 4 步：在查询工具"设计"选项卡中单击"运行"图标运行上述代码。

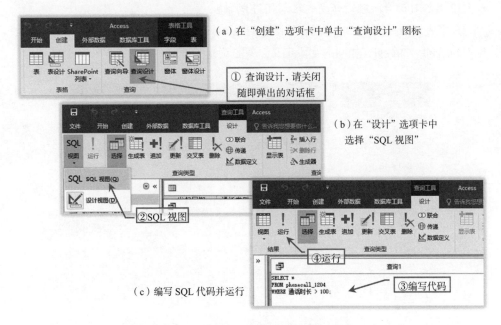

图 28-2 在 Access 中编写并运行 SQL 代码

通过 SQL 查询到的结果会被展示在"查询 1"窗口中，这些即为通话时长在 100 秒以上的记录，而字段定义与表 phonecall_1204 完全相同，如图 28-3 所示。

图 28-3 运行 SQL 代码得到的查询结果

28.2 聚合查询

下面我们尝试运行一段稍复杂的 SQL 代码，以统计各种通话类型的通话总时长和通话成功总次数，这将用到**聚合查询**。

在这个统计中：

- 通话类型被作为维度，在 SQL 中体现为以通话类型字段进行**分组**；
- 通话总时长被作为一项指标，其计算规则为对分组内所有记录的通话时长分量**求和**；
- 通话成功总次数被作为另一项指标，其计算规则为对分组内发起结果为"成功"的记录**计数**。

另外，我们在这些数据记录中能够观察到，只有发起结果为"成功"的记录，其通话时长会大于 0，而对通话时长为 0 的记录求和，不会影响通话总时长的计算结果。因此，我们将"发起结果为'成功'"作为两项指标共同的查询条件，可简化 SQL 代码。

如果你的 Access 中还保留着上一次运行 SQL 查询的结果，可直接在"开始"选项卡中单击最左侧"视图"下拉菜单中的"SQL 视图"，以重新打开 SQL 代码编辑窗口，如图 28-4 所示。

图 28-4　重新打开 SQL 代码编辑窗口

请先在编辑窗口中清空原有的 SQL 代码，然后编写本节聚合查询的 SQL 代码：

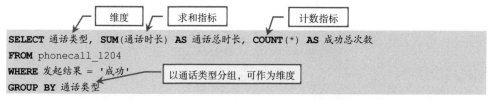

运行上述代码，我们可以看到视频通话和语音通话各自的通话总时长和成功总次数已被统计（图 28-5），是不是觉得比 Excel 的数据透视表更方便了呢？

图 28-5　以通话类型为维度聚合查询

在 12.1 节讨论数据处理操作时，我们提到对多份数据有**合并**和**联结**这两种基本的归并方式。接下来，我们看看在 SQL 中怎样合并和联结两张数据表。

28.3 合并查询

本节我们先来讨论合并查询，它将字段定义相同的两个查询合并为一个查询，合并后的新查询包含原有两个查询的所有记录。

在 SQL 中，用 UNION 将两段查询代码拼在一起，即可实现基本的合并查询。例如，下列代码将 12 月 4 日和 12 月 5 日通话时长在 2 千秒以上的记录合并在一份查询结果中。

```
SELECT 发起日期, 通话类型, 主叫用户 ID, 通话时长      我们在此只需要展示这 4 个
FROM phonecall_1204                              字段而不是全部字段
WHERE 通话时长 > 2000

UNION  ←  用 UNION 将两段查询拼在一起

                                                 与上一段查询的字段
SELECT 发起日期, 通话类型, 主叫用户 ID, 通话时长     必须相同且一一对应
FROM phonecall_1205  ←  注意，我们在这段查询中更换了一张表
WHERE 通话时长 > 2000
```

在 Access 中运行上述 SQL 代码会得到图 28-6 所示的查询结果，可以看到，结果中包含有原本分散在 phonecall_1204 和 phonecall_1205 两张表中的数据。

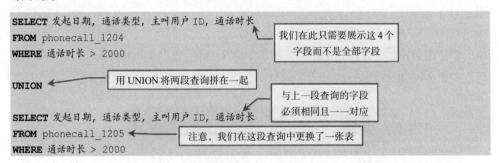

图 28-6　查询结果

28.4 联结查询

接下来我们讨论联结查询。通过联结查询，我们可以**将两张表中的字段结合在一起**，使数据的维度和指标更丰富。

例如，我们要在 12 月 4 日的数据中对比 18～22 岁不同性别的发起用户，在通话总时长上的差别，需要以性别为维度、以年龄为条件设计查询。而数据表 phonecall_1204 中并未记录发起用户的性别和年龄信息，于是我们想到去数据表 user_info 中关联。

数据表 user_info 是用户信息表（如图 28-7 所示），其中恰好包含每个用户 ID 对应的性别和年龄。

phonecall_1204 中的主叫用户 ID 字段和 user_info 中的用户 ID 字段具有相同的数据定义，以这两个字段为**联结键**，可建立这两张数据表的联结查询。SQL 代码编写如下：

图 28-7　用户信息表

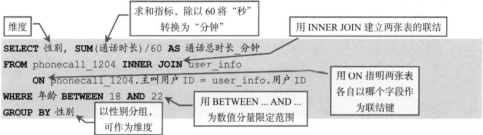

在 Access 中运行上述 SQL 代码，会得到图 28-8 所示的查询结果：以性别为维度，男性和女性各自的通话总时长被分别统计，其中性别维度来自表 user_info，而通话总时长指标的计算则依据表 phonecall_1204 中的数据。

图 28-8　查询结果

读一读

内联结 vs 外联结

细心的你可能已经注意到联结查询的 SQL 代码中出现了关键字"INNER JOIN"，它表示这里应用的联结运算是"**内联结**"。内联结在运算的过程中只保留两张表中联结键重合的数据，如在上例中，我们所得到的查询结果原则上只包含在表 phonecall_1204 和表 user_info 中均出现的用户。假设用户信息表 user_info 所包含的用户不齐全，无法覆盖表 phonecall_1204 中出现的全部主叫用户，那么未覆盖的用户的相关数据将被遗漏（不过，好在示例文件中的用户是完备的）。

与内联结对应的还有**外联结**（SQL 关键字为"OUTER JOIN"），后者将在查询结果中包含联结键未重合的数据，在 SQL 查询中同样有较高的应用频率，在本书中我们不再展开讨论。

最后值得强调的是，通过运行 SQL 代码的 SELECT 语句得到的查询只是一份临时数据，无论其结果多么复杂，都不会在数据库中产生新记录。因此，每次重新打开 Access 数据库中的查询，计算机都需要花点时间来重新运行 SQL 代码以展示查询结果。

第29问 人工智能可以带给我们哪些启发？

2016年3月，AlphaGo战胜世界顶级围棋棋手李世石的新闻令我们记忆犹新，从此，"人工智能"的概念便进入了大众视野，掀起一阵又一阵的风波。作为互联网产品经理，我们可以从人工智能中获得什么样的启发呢？

29.1 怎样理解人工智能

人工智能简称AI[1]，自1950年图灵[2]提出人工智能的概念[3]以来，计算机科学界对AI的探索从未中断。我们几乎天天都要用的搜索引擎就是人工智能的典型产品（如百度和Google）。当我们在搜索框中提交输入信息后，背后复杂的人工智能系统要对这段文本进行分析，尝试理解我们的表达，从而寻找合适的内容予以呈现。

近年来，人工智能在越来越多的领域崭露头角，这其中不乏一些正在为我们的生活提供更多便利的创新尝试。

- **无人驾驶汽车**。目前，国内外众多企业纷纷投入了对无人驾驶汽车及相关技术的研发，既包括宝马、通用、特斯拉等老牌汽车企业，也包括Google、百度、滴滴等互联网企业。
- **AI教师**。AI教师与真人老师相比有过之而无不及。在英语流利说App

---

[1] 即 Artificial Intelligence。
[2] Alan Turing（1912—1954），英国计算机科学家、数学家、密码学家，计算机科学和人工智能理论奠基人，被誉为"现代计算机之父"。
[3] 图灵于1950年发表论文《计算机与智能》(Computing Machinery and Intelligence) 提出了问题"机器能思考吗"，并给出了一种判断机器是否智能的方法——图灵测试，从此奠定了人工智能的哲学基础。

中，AI 教师可以帮用户有针对性地纠正口语发音，全天候陪伴学习，如图 29-1（a）所示。
- **新闻聚合与事件追踪**。无码科技旗下 Readhub 通过人工智能为用户提供科技新闻聚合阅读服务，并自动追踪相关事件，如图 29-1（b）所示。
- **自动回答问题**。向 Google 提出一个问题（如"海水为什么是咸的？"），不必等待真人回答，人工智能就会给出答案，而这些答案的质量甚至比真人回答的还要高，如图 29-1（c）所示。

（a）英语流利说 App 中的 AI 教师　　（b）Readhub 通过 AI 聚合并跟踪新闻事件　　（c）Google 用 AI 回答用户的提问

图 29-1　人工智能产品为我们提供更多便利

实际上，包括我们有所了解的在内，人工智能所涉及的范围很广，目前主要的研究方向如下所示。

- **机器学习**（Machine Learning）。建立学习模型，通过大量的数据来训练 AI，使 AI 不断成长。机器学习是目前人工智能领域最热门的研究方向之一，我们将在下一节进一步讨论。
- **自然语言处理**（Natural Language Processing，NLP）。让 AI 理解人类语言，使人与 AI 通过自然语言建立有效沟通。搜索引擎对我们所提交文本的识别和处理运用的就是自然语言处理技术。
- **知识推理**（Knowledge Reasoning）。通过处理不确定或不完备的信息，推理解决现存及未知的复杂问题，如医学诊断。
- **规划**（Planning）。研究如何让 AI 实施策略和动作序列，以实现特定目标，如无人驾驶汽车。
- **计算机视觉**（Computer Vision）。让 AI 像人类一样具备对数字图像和视频的高层次理解能力，如理解一幅图或一段视频的意义。
- **机器人科学**（Robotics）。AI 机器人可代替人类完成危险或难以完成的任务，如探索外星、完成对精准度要求极高的医学手术。

怎样判断一款产品或一台机器具备智能呢？通常可以用**图灵测试**来判断，如果产品或机器通过了图灵测试，则可以认为它是智能的。

 读一读

图灵测试

一般的图灵测试（Turing Test）是将待测试的产品或机器 A 与一位真人 B 安排在幕后，再让一位真人测试者 C 于幕前与 A 和 B 通过键盘和屏幕交流（如图 29-2 所示，交流过程中，C 看不到 A 和 B）。交流完成后，如果 C 无法分辨 A 与 B 哪个是真人，则认为该产品或机器通过了图灵测试。

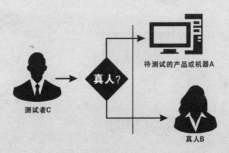

图 29-2　图灵测试示意图

如果不做任何限定，图灵测试对绝大多数 AI 产品而言是非常苛刻的。于是，我们常把图灵测试限定在 AI 产品所解决的问题的范围内。例如，若对上文中 Google 的自动回答问题进行图灵测试，则测试者将内容限定在提问与回答过程中，只要 Google 给出的答案能够让测试者认为是真人回答的，就通过了图灵测试。

29.2　机器学习与大数据

教一个两岁的小孩分辨猫和狗不是一件难事，当孩子对猫和狗有了基本认知后，即使新的品种出现，她/他同样能顺利分辨出是猫还是狗。然而，准确地识别一种动物，对于机器或计算机程序来说就不见得那么容易了。

这是因为，若要使机器获得智能，不能依靠像人类那样的逻辑推理，而是要靠**智能算法**和**大数据**。如果要让机器从一堆动物照片中寻找出哪些是猫，我们必须要为它编写算法，并输入大量的数据来"训练"它，让它逐步建立对猫的认知；但若要进一步识别狗，则又要依靠新的算法和数据。这个看上去有些枯燥的过程就是**机器学习**，也是目前人工智能产品得以自我迭代、不断提升智能化水平的主要方式。

不要小看这个枯燥的过程，借助计算机的高速运算能力（如图 29-3 所示）和网络共享，大量数据的投入，会让机器学习由量变转为质变。由于不停地进行机器学习，2015 年底仅能险胜二段职业棋手的 AlphaGo，却在 2016 年初取得了震惊世界的成绩。

图 29-3　AI 在机器学习中的优势

AlphaGo 的数据"学习"

在数据方面，Google 使用了几十万盘围棋高手之间对弈的数据来训练 AlphaGo，这是它获得所谓"智能"的原因。在计算方面，Google 采用了上万台服务器来训练 AlphaGo 下棋的模型，并且让不同版本的 AlphaGo 相互对弈了上千万盘，这才保证它能做到"算无遗策"。具体到下棋的策略，AlphaGo 里面有两个关键的技术。第一个关键技术是把棋盘上当前的状态变成一个获胜概率的数学模型，第二个关键技术是启发式搜索算法——蒙特卡罗树搜索算法，

> 它能够准确聚焦搜索空间，在很短的时间里算出最佳行棋步骤。
>
> ——吴军《智能时代》[1]

借助于互联网海量的信息资源和用户无数次的搜索行为数据，搜索引擎给出的结果越来越契合用户的期望；通过不断学习用户的点赞、评论和分享转发等操作数据，智能化内容类产品得以为每个用户精准推荐令人满意的个性化内容；丰富的路网和实时路况信息、大量的实地驾驶数据，配合大量学习成果的共享，无人驾驶汽车变得更加"聪明"，并最终获得人类的信任。

29.3 人工智能产品思维

也许你所负责的产品不会像英语流利说 App 和 Readhub 那样基于 AI 内核从 0 到 1 构建起来，但或许在你的产品中存在下列这些 AI 的影子。

- **个性化用户服务**。多见于内容类、视听类和购物类产品，如我们多次提到的为每个用户提供精准的针对性推荐。
- **替代人类劳动**。主要是指代替规则明确、重复性高或产出低的人类劳动，以在提升用户体验的同时节省人力成本。例如，机器人客服、自动起草稿件的功能。
- **自然信息识别**。既包括对生理特征的识别（如通过人脸、指纹和声波进行身份识别），也包括对表达内容的识别（如将语音、书写笔迹和照片识别为数字化文本），还包括对情绪的识别（如通过面部表情和说话方式判断一个人的情绪状况）。
- **分析与预测**。在数据产品中较常见，如通过分析用户的各种行为，预测她/他短期内在活跃、消费、流失等方面的表现。也见于 AI 医疗中，如根据病情现状，结合病人既往病史和病例大数据做出诊断，并给出医疗方案、预测病情发展。
- **自动完成批量任务**。这些任务通常需要大规模运算，或者要基于数据产生精准结果，如批量生成数据报表、游戏反作弊、金融反诈骗等。

无论是负责纯粹的 AI 产品还是具备诸如上述 AI 属性的常规产品，都需要我们拥

---

[1] 图书全名《智能时代：大数据与智能革命重新定义未来》，由中信出版社出版，作者吴军系著名硅谷投资人、计算机科学家，另著有《浪潮之巅》《数学之美》等多本行业畅销书。《智能时代：大数据与智能革命重新定义未来》一书汇聚了作者在大数据和人工智能领域的真知灼见，深入浅出地阐述了大数据的本质和作用、人工智能的原理和发展历程，并预测了大数据和人工智能对未来产业和社会的影响。

有基础的**人工智能产品思维**。至于这种思维究竟是什么，一言难尽，也没有统一的标准。不过，我们可以从 AI 产品实践原则和个人 AI 修养两个方面努力。

AI 产品实践原则

- **简单可依赖**[1]。通过上文的讨论我们知道，AI 在技术实现上非常复杂，而一款出色的 AI 产品却总是能以**最简单的形态面向用户**，如百度和 Google，一个搜索框为用户提供了强大的搜索服务，同时隐藏了背后复杂的技术和逻辑。
- **自我迭代**。如果产品只是按照既定的规则构成功能，与用户交互，那么无论多么复杂，都算不上智能。AI 产品则能够通过机器学习，在没有人工干预的情况下不断成长，自我完善那些没有事先确定的策略。
- **为 AI 要素争取资源**。一般认为**算法、算力**[2]**、数据是 AI 产品的三大要素**。作为产品经理，应着手为团队优先争取这些资源，以使团队在 AI 产品后续的研发和运营过程中表现得从容不迫。
- **提升数据规模和数据质量**。人类可以凭借视觉、听觉、触觉等从外部世界获取信息，并加工成解决各类问题的行动方案；而 AI 不会凭空学习，数据的作用是至关重要的，这也就意味着，**用于机器学习的数据规模和数据质量将决定 AI 产品智能化的上限**。

个人 AI 修养

- **懂业务**。产品经理虽然往往不会参与 AI 产品的研发与实现，但需要力求对产品的整体业务了如指掌。这包括对 AI 所涉及领域的每一项技术原理和最佳实践理解深刻，清楚机器学习所需要的训练数据从哪里获取，了解现状的局限性以促进沟通、达成合作。
- **视野宽**。产品经理要在充分了解自身业务的同时，努力拓展视野、提高认知层次，使自己的思路不局限于产品所处的领域。例如，理解 AI 如何评判英语朗读的水准，是英语流利说 App 产品经理必备的能力，同时，为了让用户获得更好的学习体验，产品经理还要对脑科学中"遗忘曲线"理论有较深的认知。
- **会取舍**。"二八法则"告诉我们，为将产品中 20%的功能做到极致，要消耗 80%以上的资源。然而，由于 AI 复杂性往往会呈指数增长，在 AI 产

---

[1] "简单可依赖"也是百度的核心价值观。
[2] 算力即支撑 AI 的全部计算机资源的计算能力。

品中，若要将智能水平从 99%提升至哪怕 99.1%，其成本很可能是从 0 到 99%所花费的成本的上百倍。因此，这就需要产品经理不能一味追求"工匠精神"，而要在投入与产出间寻找一个平衡点，既能契合绝大多数用户的需求，又不至于让产品因成本过高而失去竞争力。

第30问 有哪些现成的数据可在运营中参考？

在产品运营的过程中，少不了要参考竞品、互联网大局乃至各行各业的数据，那么从哪里能可靠地获取这些数据呢？

30.1 大数据指数

国内外互联网巨头凭借其海量数据资源、开放的大数据指数服务，为我们了解大众当下的关注点打开了第一扇门。

微信指数

微信指数是由微信官方提供的基于微信大数据分析的移动端指数，为个人和企业提供参考，如图 30-1 所示。

微信指数的应用场景包括：

- 捕捉热词，对关键词趋势进行展示；
- 监测热点事件和舆论焦点，辅助舆情研究；
- 跟踪用户兴趣的变化，洞察用户需求和市场反馈。

图 30-1　微信指数

注：在微信中搜索"微信指数"可找到入口

百度指数

百度指数是以百度海量网民行为数据为基础的数据分享平台,如图 30-2 所示。我们可以通过百度指数的各个特色功能获取多维度信息。

- **趋势研究**,告诉我们某个关键词在百度的搜索规模,以及一段时间内的涨跌态势。
- **需求图谱**,展示多个关键词在用户主动搜索中建立的关联,帮我们挖掘隐藏在关键词背后的关注点。
- **资讯关注**,以关键词在媒体中的表现为基础,衡量网民对智能分发和推荐内容的被动关注程度。
- **人群画像**,了解关注这些关键词的网民是什么样的,辅助实施差异化运营。

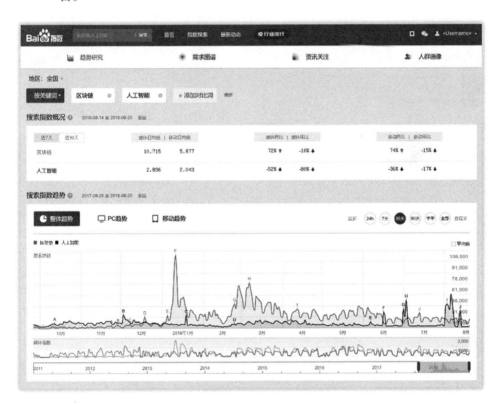

图 30-2　百度指数

图片来源:index.baidu.com

Google Trends

如果要了解外海乃至全球的焦点话题及趋势，那么 Google Trends[1]将是一个有利的工具。

Google Trends 是 Google 提供的基于其搜索引擎的公共网络服务，可跨地域、跨语言展示特定关键词相对于搜索总量的检索频率，以及对比多个关键词的相对搜索量。Google Trends 中文版首页，如图 30-3 所示。

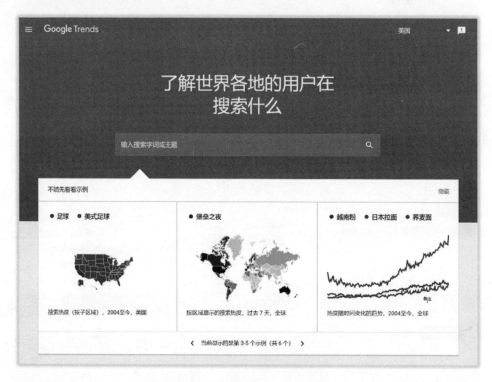

图 30-3　Google Trends 中文版首页

图片来源：trends.google.com

> **读一读**
>
> 你知道吗？Google Trends 居然可以预测流感的爆发。季节性流感是备受关注的公共健康问题，全球范围内每年有 25 万至 50 万人死于流感。流感病毒变异迅速，频频突破人体已有的免疫防线，从而带给人类致命伤害。因此，对流感及早预测并采取措施控制其传播，显得非常关键。2009 年，Jeremy Ginsberg 等人发现某些与流感相关的关键词检索频率与医生接诊

---

[1] 中文版名称为 Google 趋势。

出现疑似流感症状的患者的比例高度相关,进而据此建模,准确估计美国各地每周流感疫情的水平[1]。一旦预警,全美医疗卫生系统能够在最短的时间里启动防疫预案,控制流感爆发。

30.2 互联网行业和产品资讯

了解互联网行业动态、把握产品发展趋势是产品经理培养大局观的必修课。有效利用权威机构和平台发布的资讯,可以为我们了解行业和产品开辟一条捷径。

最新调研与商业洞察:企鹅智酷

企鹅智酷是腾讯旗下互联网产业趋势研究、案例与数据分析的专业机构,经常开展各类数据调研,并发布颇具深度和洞察力的商业专题分析报告,如图 30-4 所示。

图 30-4 企鹅智酷

图片来源:re.qq.com

---

[1] 详细文献可参阅 https://www.nature.com/articles/nature07634。

玛丽·米克尔的《互联网趋势报告》

被誉为"互联网女皇"的玛丽·米克尔[1]每年发布一次互联网趋势报告[2]，从用户、创新、广告、消费、从业、企业等多个维度详细讲述互联网行业近一年来的发展情况，并分析发展趋势。《互联网趋势报告 2018》部分内容，如图 30-5 所示。

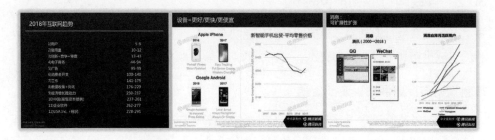

图 30-5 《互联网趋势报告 2018》部分内容

图片来源：腾讯科技

探索和分析类 App：易观千帆、七麦数据、App Annie

若要具体到产品，剖析一款产品的各项关键指标，了解一个 App、公众号或小程序的运营状况，开展竞品分析，不妨试试下列平台。

- **易观千帆**，以行业和 App 为分析对象，提供国内 5 万多个 App 的规模指标、用户属性、人群画像、消费场景等数据的对比分析，如图 30-6 所示。
- **七麦数据**，专注于 iOS 和 Android 平台下的 App 在各应用商店的动态，以及公众号和小程序指数排行，为 ASO[3]提供智能化参考。七麦数据提供的主要业务，如图 30-7 所示。

---

[1] Mary Meeker（1959—），美国著名风险投资家，世界著名风投基金 Kleiner Perkins（中国注册名称为凯鹏华盈）合伙人，致力于互联网和新科技领域的投资，先后投资了包括京东、Facebook、Airbnb 在内的 850 余个互联网项目。
[2] 报告标题原文为 Internet Trends Report，可访问 https://www.kleinerperkins.com/internet-trends 查看。2018 年报告的中文译版由腾讯科技首发，地址为 http://tech.qq.com/a/20180531/003593.htm （也可扫一扫），报告全文近 300 页，所展示的数据均在每页底部注明了来源。
[3] ASO 即 App Store Optimization，应用商店优化。通过优化关键词等一系列手段提升一款 App 在应用商店中的曝光率。

第 30 问　有哪些现成的数据可在运营中参考？

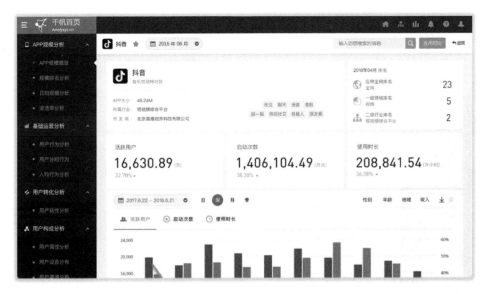

图 30-6　易观千帆

图片来源：qianfan.analysys.cn

图 30-7　七麦数据提供的主要业务

图片来源：www.qimai.cn

- App Annie,美国知名 App 市场数据和洞察公司出品,围绕下载、收入、排行、运营指标、关键词等提供消费者和竞品信息,为 App 推广决策提供支持。App Annie 对市场大小的分析,如图 30-8 所示。

图 30-8 App Annie 对市场大小的分析

图片来源:www.appannie.com

30.3　政府机构统计数据

除了互联网行业和产品的数据,我们在产品运营的过程中也常会用到一些由政府机构统计并公布的数据,以了解国内整体大环境。

CNNIC:《中国互联网络发展状况统计报告》

由 CNNIC(中国互联网络信息中心)发布的每半年一度的《中国互联网络发展状况统计报告》,是全方位了解我国互联网近况的权威数据来源。第 42 次《中国互联网络发展状况统计报告》关于网民规模的报告,如图 30-9 所示。

第 30 问　有哪些现成的数据可在运营中参考？

图 30-9　第 42 次《中国互联网络发展状况统计报告》关于网民规模的报告

图片来源：cnnic.cn

　　这份报告披露的下列数据常用于评估产品在国内的处境，以及评估产品用户的增长空间。

- **网民数据**，包括网民的规模、属性结构，以及上网设备和上网时长等。
- **基础资源数据**，包括网站和 App 的数量，移动互联网流量，以及宽带带宽的情况。
- **领域发展数据**，包括电子政务、电子商务、网络游戏、新型技术（如虚拟现实、人工智能、区块链）的建设与发展状况。

工信部：通信业、软件业等产业统计数据

　　工信部官网的"工信数据"专栏（如图 30-10 所示）中披露了关于我国工业和信息化产业的诸多数据，其中包括我们在日常工作中会用于参考的通信业和软件业数据，例如：

- 233 -

- **固定和移动电话状况**，包括全国和各省用户量、通话总时长；
- **移动互联网状况**，包括移动设备普及率、接入总流量；
- **软件行业发展数据**，包括运营服务收入规模、嵌入式软件规模（可用于智能硬件相关的评估）。

图 30-10　工信部官网"工信数据"专栏

图片来源：www.miit.gov.cn

国家统计局：人口普查资料

国家统计局汇总了我国各行各业的重大数据，并按月度、季度、年度、普查等粒度统计和公布（如图 30-11 所示），其中常可供产品运营工作参考的有：

- **人口普查数据**，了解我国各地区人口、性别、年龄、民族、教育程度等情况；
- **收入与消费数据**，了解我国人均收入水平、物价水平和消费水平；
- **公共基础资源数据**，了解我国教育、医疗、文体等公共资源的建设情况。

第 30 问　有哪些现成的数据可在运营中参考？

图 30-11　国家统计局公布的统计数据

图片来源：www.stats.gov.cn

你已完成本单元的修炼！
扫一扫，为这段努力打个卡吧。

读者服务

轻松注册成为博文视点社区用户（www.broadview.com.cn），扫码直达本书页面。

- **下载资源**：本书如提供示例代码及资源文件，均可在 下载资源 处下载。
- **提交勘误**：您对书中内容的修改意见可在 提交勘误 处提交，若被采纳，将获赠博文视点社区积分（在您购买电子书时，积分可用来抵扣相应金额）。
- **交流互动**：在页面下方 读者评论 处留下您的疑问或观点，与我们和其他读者一同学习交流。

页面入口：http://www.broadview.com.cn/35204